U0918735

职业教育食品类专业教材系列

检验基础与分析技术作业指导书

王　芳　袁静宇　主编

王淑艳　边瑞玲　于志伟　副主编

科学出版社

北　京

内 容 简 介

本书依据食品检验国家标准设置相应的知识点和技能点，主要内容包括检验基础知识，化学分析仪器的操作及规范，实验用试剂及溶液的配制，样品的采集、制备与预处理。

本书可作为职业教育食品类相关专业教材，也可作为食品行业技术人员的参考书及从事食品检验相关人员的培训教材。

图书在版编目(CIP)数据

检验基础与分析技术作业指导书/王芳，袁静宇主编. —北京：科学出版社，2020.7

职业教育食品类专业教材系列

ISBN 978-7-03-064965-2

Ⅰ. ①检… Ⅱ. ①王… ②袁… Ⅲ. ①食品检验-职业教育-教材 ②食品分析-职业教育-教材 Ⅳ. ①TS207.3

中国版本图书馆 CIP 数据核字（2020）第 071470 号

责任编辑：沈力匀/责任校对：陶丽荣

责任印制：吕春珉/封面设计：耕者设计工作室

科学出版社 出版

北京东黄城根北街 16 号

邮政编码：100717

http://www.sciencep.com

铭浩彩色印装有限公司 印刷

科学出版社发行 各地新华书店经销

*

2020 年 7 月第 一 版 开本：787×1092 1/16

2020 年 7 月第一次印刷 印张：11 1/4

字数：300 000

定价：34.00 元

（如有印装质量问题，我社负责调换〈铭浩〉）

销售部电话 010-62136230 编辑部电话 010-62135235（VP04）

前　　言

食品是人类生存和发展最重要的物质基础。影响食品质量安全的因素很多，归纳起来主要有食品原料生产的安全性、食品加工与制造过程的安全性、食品运输与储存过程的安全性和食品消费的安全性几个方面。随着人们生活水平和对食品质量安全关注度的提高，以及《中华人民共和国食品安全法》和《食品生产许可审查通则》的进一步实施，食品检验已成为食品质量安全控制的重要手段。

食品检验是职业院校食品类专业，尤其是食品营养与检测相关专业的专业基础课程。为适应以项目为引领、以就业为导向的职业教育的要求，培养学生对食品检验岗位（群）的适应性，编者依据食品类专业人才培养模式转型的教学改革成果，本着“以职业技能培养为核心，以职业素养养成为主线，以职业知识教育为支撑”的原则编写了本书。

全书将分析化学、食品分析、仪器分析、食品营养等内容优化整合，把基础知识与专业技能融为一体，突出了“学中做、做中学”的职业教育理念，注重培养学生的创新精神和综合技能。本书模拟企业实际岗位工作过程，以“项目-任务”的形式进行编写，力求建立“以项目为引领，以任务为载体，以技能训练为重点”的职业教育模式，主要内容包括检验基础知识，化学分析仪器的操作及规范，检验用试剂及溶液的配制，样品的采集、制备与预处理四个项目。为拓展和强化学生掌握相关分析实验知识和技术，方便教师的教学，全书各知识点配置了相关数字化教学课件，读者可扫描二维码查阅。

本书为内蒙古自治区高等学校科学研究项目“工业分析技术专业翻转课堂教学资源的开发与应用”（NJSY 17531）研究成果，由包头轻工职业技术学院王芳、袁静宇担任主编，包头轻工职业技术学院王淑艳、边瑞玲、于志伟担任副主编，包头轻工职业技术学院李光耀、白粉娥、张锐参与了编写工作。在编写过程中编者参考了大量相关资料，在此一并对相关作者表示感谢。

囿于编者的学识和水平，书中不当或疏漏之处在所难免，望广大读者随时指正，以待日后再版时改正。

目　　录

项目一　检验基础知识

任务一　熟悉实验室规则及安全知识

任务描述

（1）认识实验常用仪器设备，了解化学试剂的易燃易爆、有毒和腐蚀等性质，了解实验工作环境。

（2）收集实验室安全规则，收集实验过程所需样品、试剂的相关资料。

（3）以小组为单位，发挥团队合作精神，集思广益，共同确定《实验室安全手册》内容。

任务要求

（1）认识实验室常用仪器设备，总结仪器使用安全规则。

（2）了解常用化学试剂的易燃、易爆、有毒和有腐蚀性等性质，总结化学试剂使用的安全规则。

（3）编写《实验室安全手册》。

完成目的

（1）了解实验室工作环境和实验工作任务。

（2）掌握实验室的安全知识，做好实验过程中的安全防护。

知识点一　实验室规则

一、理化实验室规则

实验室规则

理化实验室通常包括精密仪器实验室、化学分析实验室、辅助室（准备室、药品储藏室等），一般要求远离烟雾、噪声和振动源，室内采光要符合规范要求。

（1）实验操作时要穿工作服，工作服应经常清洗。实验前后要注意洗手，以免沾污仪器、试剂、样品，引起实验误差。防止有毒有害物质侵染人体，或误入口中引起中毒。

（2）实验室要及时整理，定期清扫，保持清洁、整齐。仪器、设备应定期除尘、更换干燥剂，保持清洁、干燥。

（3）实验室的仪器、试剂、资料、工具等要布局合理、存放有序。

（4）实验数据要记在专用的记录本上。实验记录的基本要求是真实、及时、准确、完整，防止漏记和随意涂改。不得伪造、编造数据。实验记录和报告单应按照规定保留一定时间，以备查考。

（5）实验完毕，仪器、试剂、工具等要放回原处。仪器应及时清理，保持干净整洁。

（6）标准仪器（如检定校正过的天平、砝码、滴定管、容量瓶等量器具）要妥善保管，不要随便挪动。

二、微生物实验室规则

微生物实验室通常包括准备室、洗涤室、灭菌室、培养室、无菌室（包括无菌室外的缓冲间）等。实验室划分不是绝对的，可根据实际情况而定。

（1）进入实验室要穿工作服，只带必要的文具和教材。

（2）实验室内禁止饮食、吸烟，也不能把铅笔、纸片等含于口内。

（3）实验室内要保持安静、有秩序，不要高声谈笑。

（4）样品检验前应登记生产日期、批号、抽样基数等，详细记录样品检验序号、检验日期、检验程序和结果等。

（5）室内应经常保持整洁，样品检验完毕后，实验室须立即收拾整洁、干净。凡要丢弃的培养物，应经高压灭菌处理，污染的玻璃器皿经高压灭菌后再洗刷干净，放置备用。

（6）无菌室内应常备3%～5%（体积分数）的来苏水（甲酚皂溶液）或0.1%（体积分数）的新洁尔灭（苯扎溴铵溶液），内浸纱布数块；并备有75%（体积分数）酒精棉球，用于样品表面消毒及意外污染消毒。

（7）无菌室使用前必须打开紫外灯辐照灭菌30min以上，并且同时打开超净台进行吹风。操作完毕，应及时清理无菌室，再用紫外灯辐照灭菌30min。

（8）吸过菌液的吸管不得放在桌子上。

（9）皮肤破伤应立即进行处理，先除尽异物，用蒸馏水或生理盐水洗净后，再涂以20g/L碘酒。

（10）菌液流洒桌面，应立即用抹布浸蘸3%～5%（体积分数）的来苏水覆在污染部位，0.5h后抹去。若手上沾有活菌，可浸泡于上述消毒液中10～20min，再用肥皂及清水刷洗。

课堂习题

简答题

（1）理化实验室规则有哪些？

（2）微生物实验室规则有哪些？

知识点二　实验室安全知识

一、实验员安全须知

（1）认真学习相关的安全技术规程，了解设备性能，防范操作中发生意外事故，掌握预防和处理的方法。

实验室安全知识

（2）实验室严禁喧哗、打闹，应保持实验室秩序井然，实验操作应穿工作服，女性长头发要扎起；进行危害性实验时要佩戴防护用具，如防护眼镜、防护手套、防护口罩甚至防护面具。

（3）无关人员不得进入实验室，实验员不得在实验室从事与实验无关的事。

（4）进行有危险的工作时，如危险物料的现场取样、易燃易爆物品的处理、焚烧废液等，应有第二者陪伴，陪伴者应处于能清楚看到工作地点的地方并观察操作的全过程。

（5）拆装玻璃管与胶管等时，应用水将其润湿，手上垫棉布，以防玻璃管折断时扎伤手。

（6）打开浓 HCl、浓 HNO_3、浓 $NH_3 \cdot H_2O$ 试剂瓶应在通风橱中进行。夏季打开易挥发溶剂瓶前，应先用冷水冷却溶剂，瓶口不能对着人。

（7）通常实验室应备有湿抹布，以便当有毒或有腐蚀性的溶液滴溅在手上或台面上时，立即擦去。稀释浓 H_2SO_4 时，必须在烧杯等耐热容器中进行，且需在玻璃棒不断搅拌下，缓缓地将酸加入水中。溶解 NaOH、KOH 等时，因会大量放热，也必须在耐热容器中进行，可将容器（如烧杯）放在盛有冷水的盆中，以便稀释过程中散热。

（8）蒸馏易燃液体，严禁用明火。蒸馏过程不得离人，以防液体温度过高或冷却水突然中断。实验操作时如必须离开，须委托专人看管蒸馏仪器。

（9）实验员应具有安全用电、正确使用化学药品、规范操作设备、防火、防爆、防中毒等基本安全常识。

（10）实验室内存放化学试剂或化学品的容器必须贴有标签，标明化学品的名称、浓度、配制日期及配制人。剧毒药品严格遵守保管、领用制度，发生散落时，应立即收起并做解毒处理。

（11）实验室内禁止吸烟、进食，不能用实验室器皿处理或盛装食物。实验结束后应立即用肥皂洗手。

（12）每日工作完毕后，检查水、电、气、窗是否关闭，进行安全登记之后方可锁门离开。

二、用电安全

（1）随时检查实验室的电源线和消防器材，确保电源线不得有任何裸露和破损，消防器材完好无损，周围不得堆放杂物。

（2）各类电器发生故障要及时通知有关人员维修，不得私自拆修。电源或电器的熔丝烧断时，应先查明原因，排除故障后再换上适合的熔丝，熔丝不得用铜丝或其他金属丝替代。

（3）导电线路或设备起火时，要立即切断电源，用干粉灭火器扑灭或者用沙子、土、湿棉被覆盖扑灭，并及时通知配电室进行维修。

注意：设备起火，切忌用水灭火！

（4）不得私自拉接临时电线，禁止将电线头直接插入插座内使用。

（5）正确操作闸刀开关。应使闸刀处于完全合上或完全拉断的位置，不能若即若离，以防接触不良打火。

（6）新购的电器使用前必须全面检查，防止运输振动使电线连接松动，确认没问题并接好地线后方可使用。

（7）使用干燥箱和高温炉时，必须确认自动控温装置可靠。同时需人工定时监测温度，以免温度过高。不得把含有大量易燃、易爆溶剂的样品置于干燥箱和高温炉中加热。

（8）使用高压电源工作时要穿绝缘鞋、戴绝缘手套，并站在绝缘垫上。

（9）应建立用电安全定期检查制度。发现电气设备漏电要立即修理，绝缘损坏或线路老化要及时更换，必要时应使用漏电保护器。

三、药品使用安全

（1）严格执行国务院《危险化学品安全管理条例》。

（2）药品和试剂要分类存放；有毒的化学药品，要由专人负责保管，对药品的使用及领取做详细记录。

（3）所有药品、试剂要摆放整齐，贴有与内容物相符的标签；严禁将用完的试剂空瓶装入其他试剂。定期检查药品瓶上的标签是否清楚，如模糊不清应及时更换标签。

（4）强酸、强碱等腐蚀性试剂，应设专柜储存，使用时要有防护措施。

（5）易燃易爆药品应存放于阴凉干燥处，通风良好，远离热源、火源，避免阳光直射。

（6）禁止将氧化剂和可燃物质一起研磨，爆炸性药品应在低温处储存，不得和其他易燃物质放在一起，移动时，不得剧烈振动。

（7）打开易挥发试剂瓶时，不准把瓶口对自己或他人。不可直接用鼻子对着试剂瓶口辨认气味，如有必要，可将其远离鼻子，用手在瓶口上方扇动一下，将气味扇向自己。绝不可品尝试剂。

（8）取下装有正在沸腾的水或溶液的烧瓶时，须用烧瓶夹夹住摇动后取下，以防水或溶液突然剧烈沸腾而溅出伤人。

（9）腐蚀性药品洒在皮肤、衣物或桌面上时，应立即用湿布擦干，然后用相应的弱酸、弱碱清洗，最后用清水冲洗。药品不慎沾在手上，应立即清洗，以免误食入体内。

（10）微生物实验中一旦发生意外，如吸入菌液、划破皮肤、细菌污染实验台面或地面等处，应立即报告并及时处理。

（11）每次做完微生物实验后，需用体积分数为 20mL/L 的来苏水浸手或用肥皂洗手，再以清水冲洗。

（12）实验的废渣、废液，应进行化学处理后方能倒掉。

四、设备安全管理

（1）电气设备交付使用前必须进行安全检查，严格执行电气安全规程，定期维修，并注意导线绝缘是否符合电压和工作情况的需要。

（2）各实验设备应按设备要求定点放置，电线线路应符合要求，严禁乱拉乱改线路。

（3）精密仪器需专人负责管理，使用者经过培训后方可使用，对于没有按规定操作导致仪器设备故障者，要追究其责任。

（4）实验设备的使用要严格遵守操作规程，并且认真填写设备使用记录，设备存放应做到整洁有序，便于检查使用。

（5）电炉、电干燥箱要置于不燃的基座上；使用电干燥箱要安装自动测温装置，严格掌握烘烤温度；电热设备用完要立即切断电源。

（6）设备使用过程中，出现异常，应及时通知实验室负责人，且停止使用，排除异常后方可使用。

（7）酒精灯要远离易燃物品，酒精的加入量不允许超过容积的 2/3，火焰确实熄灭后方可添加酒精；不可用口吹灭，须用灯帽盖灭或用湿布盖灭；严禁用一盏酒精灯去点燃另一盏酒精灯。

五、气体钢瓶及其安全使用

实验室常用的气体有 H_2、O_2、N_2、空气、甲烷、乙炔等，为了便于使用、储存和运输，通常将这些气体压缩成压缩气体或液化气体，灌入耐压钢瓶内。气体钢瓶（简称气瓶）是指在正常环境温度（－40～60℃）下可重复充气使用的，公称工作压力大于或等于 0.2MPa（表压），且压力与容积的乘积大于或等于 1.0MPa/L 的盛装气体、液化气体和标准沸点等于或低于 60℃的液体的移动式压力容器。气体钢瓶是一种承压设备，具有爆炸危险，且其承装介质一般具有易燃、易爆、有毒和强腐蚀等性质，又因其移动、重复充装、操作使用人员不固定和使用环境变化的特点，比其他压力容器更应注意安全。一旦发生爆炸或泄漏，往往发生火灾或中毒，甚至引起灾难性事故，带来严重的财产损失、人员伤亡和环境污染。为此了解气体钢瓶的基础知识，规范使用各种气体钢瓶十分重要。

（一）气体钢瓶的种类和标记

1. 按制造方法分类

按制造方法，气体钢瓶可分为四类。

1）焊接气瓶

焊接气瓶由用薄钢板卷焊的圆柱形筒体和两端的封头组焊而成，多用于盛装低压液化气体，如液化 SO_2 等。

2）管制气瓶

管制气瓶是用无缝钢管制成的无缝气瓶。它两端的封头是将钢管加热放在专用机床上通过旋压或挤压等方式收口成形的。

3）冲拔拉伸制气瓶

冲拔拉伸制气瓶是将钢锭加热后先冲压出凹形封头，后经过拉拔制成敞口的瓶坯，再按照管制气瓶的方法制成顶封头及接口管等。

4）缠绕式气瓶

此气瓶是由铝制的内筒和内筒外面缠绕一定厚度的无碱玻璃纤维构成的。铝制内筒的作用是保证气瓶的气密性。气瓶的承压强度依靠内筒外面缠绕成一体的玻璃纤维壳壁（用环氧酚醛树脂等作为黏结剂）。壳体纤维材料容易老化，所以使用寿命一般不如钢制气瓶。

2. 按盛装介质的物理状态分类

气体钢瓶可按盛装介质的物理状态分为三类。

1）永久性气体气瓶

临界温度低于－10℃的气体称为永久性气体，盛装永久性气体的气瓶称为永久性气体气瓶。例如，盛装 O_2、N_2、CO、空气及惰性气体等的气瓶均属此类。其常用标准压力系列为 15MPa、20MPa、30MPa。

2）液化气体气瓶

通常临界温度等于或高于－10℃的各种气体在常温、常压下呈气态，而经加压和降温后变为液体。在这些气体中，有的临界温度较高（高于 70℃），如 H_2S、氨、丙烷、液化石油气等，称为高临界温度液化气体，也称为低压液化气体。储存这些气体的气瓶为低压液化气体气瓶。在环境温度下，低压液化气体始终处于气液两相共存状态，其气相的压力是相应温度下该气体的饱和蒸气压。按最高工作温度为 60℃考虑，所有高临界温度液化气体的饱和蒸气压均在 5MPa 以下，所以，这类气体可用低压气瓶充装。其标准压力系列为 1.0MPa、1.6MPa、2.0MPa、3.0MPa、5.0MPa。

3）溶解气体气瓶

这种气瓶是专门用于盛装乙炔的气瓶。由于乙炔气体极不稳定，特别是在高压下，很容易聚合或分解，液化后的乙炔稍有振动即会引起爆炸，所以不能以压缩气体状态充装，必须把乙炔溶解在溶剂（常用丙酮）中，并在内部充满多孔物质（如硅酸钙多孔物质等）作为吸收剂。溶解气体气瓶的最高工作压力一般不超过 3.0MPa，其安全问题具有特殊性，如乙炔气瓶内的丙酮喷出，会引起乙炔气瓶带静电，造成燃烧、爆炸、丙酮消耗量增加等危害。

3. 气体钢瓶的标记

为了安全、便于识别和使用，各种气瓶的瓶身都涂有规定颜色的涂料，并用规定颜色的色漆写上气体钢瓶内容物的中文名称，画出横条标志。表 1-1 为常用的几种气体钢瓶标记的颜色和字样。

表 1-1　部分气体钢瓶的标记

钢瓶名称	外表颜色	字样	字样颜色	横条颜色
氧气瓶	天蓝	氧	黑	—
医用氧气瓶	天蓝	医用氧	黑	—
氢气瓶	深绿	氢	红	红
氮气瓶	黑	氮	黄	棕
纯氩气瓶	灰	纯氩	绿	—
灯泡氩气瓶	黑	灯泡氩气	天蓝	天蓝
二氧化碳气瓶	黑	二氧化碳	黄	黄
氨气瓶	黄	氨	黑	—
氯气瓶	草绿	氯	白	白
乙烯气瓶	紫	乙烯	红	—

（二）气体钢瓶的安全使用

1. 防止气体钢瓶受热

使用中的气体钢瓶不应放在烈日下暴晒，不要靠近火源及高温区，距明火不应小于

10m；不得用高压蒸汽直接喷吹气体钢瓶；禁止用热水解冻及明火烘烤，严禁用温度超过40℃的热源对气体钢瓶加热。

2. 气体钢瓶立放时应采取防止倾倒的措施

气体钢瓶开阀时要慢慢开启，防止附件升压快产生高温。对可燃气体的气体钢瓶，不能用钢制工具等敲击钢瓶，防止产生火花。氧气瓶的瓶阀及其附件不得沾油脂。手或手套上沾有油污后，不得操作氧气瓶。

3. 气体钢瓶使用到最后应留有余气

气体钢瓶使用到最后应留有余气，主要用以防止混入其他气体或杂质而造成事故。气体钢瓶用于有可能产生回流（倒灌）的场合，必须有防止倒灌的装置，如单向阀、止回阀、缓冲罐等。液化石油气气瓶内的残余油气，应用有安全措施的设施回收，不得自行处理。

4. 加强气体钢瓶的维护

气体钢瓶外壁的油漆层既能防腐，又是识别的标志，可防止误用和混装，要保持好漆面的完整和标志的清晰。瓶内混进水分会加速气体钢瓶内壁的腐蚀，在充装前一定要对气体钢瓶进行干燥处理。气体钢瓶使用单位不得自行改变充装气体的品种、擅自更换气瓶的颜色标志。确实需要更换时应提出申请，由气体钢瓶检验单位负责对气体钢瓶进行改装。负责改装的单位根据气体钢瓶制造钢印标志和安全状况，确定气体钢瓶是否适合于所要换装的气体。改装时，应对气体钢瓶的内部进行彻底清理、检验、打钢印和涂检验标志，换装相应的附件，更换改装气体的字样、色环和颜色。

5. 对各类气体钢瓶定期进行技术检验

（1）盛装腐蚀性气体的气体钢瓶，每2年检验1次。

（2）盛装一般气体的气体钢瓶，每3年检验1次。

（3）盛装液化石油气体的气体钢瓶，使用期为15年，每4年检验1次；最后一次检验为3年。

（4）盛装惰性气体的气体钢瓶，每5年检验1次。

（5）盛装低温绝热气体的气体钢瓶，每3年检验1次。

六、防爆、防毒与灭火

（1）室内应备有灭火消防器材、急救箱和个人防护器材，实验室工作人员应熟知这些器材的位置及使用方法。

（2）室内易燃易爆物品应限量、分类、低温存放，远离火源。

（3）进行易燃易爆实验时，应有两人在场，以便相互照应。

（4）易爆药品、试剂在存放、使用时要格外小心谨慎。

（5）对有毒药品的操作，必须认真、小心，注意手上不要有伤口，实验完毕后一定要仔细洗手；产生有毒气体的实验一定要在通风橱中进行，并保持室内通风良好。

（6）如遇创伤、灼伤等意外情况，必须先进行紧急处理，再及时送医院治疗。

（7）如遇起火，要立即切断电源，扑灭着火点，移走可燃物。

（8）根据火源的性质，采取相应的灭火措施。

（9）对普通可燃物，如纸张、书籍、木器着火，用沙子、湿布等盖灭。

（10）若有机溶剂洒在桌面、地面上，遇火引燃，可用湿布、沙子等盖灭，绝不能用水。若火势较大，除及时报警外，还可用灭火器扑救。

课堂习题

一、选择题

（1）实验记录的基本要求是（　　）。

A．真实　　B．及时　　C．准确　　D．完整

（2）无菌室使用前必须打开紫外灯辐照灭菌（　　）min 以上。

A．10　　B．15　　C．20　　D．30

（3）存放化学试剂的容器必须贴有标签，标明其（　　）。

A．名称　　B．浓度　　C．配制日期　　D．配制人

二、判断题

（1）扑救危险化学品火灾决不可盲目行动，应针对每一类化学品，选择正确的灭火剂和灭火方法。（　　）

（2）对于实验室人员，扑救化学危险品火灾是一项极其容易的工作。（　　）

（3）实验的废渣、废液应进行化学处理后方能倒掉。（　　）

（4）盛装腐蚀性气体的气体钢瓶，每 1 年检验 2 次。（　　）

（5）溶解气体气体钢瓶是专门用于盛装乙炔的气体钢瓶。（　　）

（6）酒精灯使用时，可以用一盏酒精灯去点燃另一盏酒精灯。（　　）

（7）强酸、强碱等腐蚀性试剂，应专柜储存，但使用时不需要特殊防护。（　　）

任务二　了解实验室的基本任务和工作准则

任务描述

（1）查阅实验室使用的相关资料，熟悉实验室的基本任务和工作准则。

（2）归纳、总结实验室的相关要求。

任务要求

（1）了解实验室的基本任务和相关要求。

（2）能正确理解和应用实验室的基本工作准则。

完成目的

（1）熟悉实验室的基本任务。

（2）在学与做的过程中培养团队协作意识，提高与人交流、合作的能力，培养学生主动参与、积极进取、探究科学的学习态度。

知识点一　实验室的基本任务

实验室是专门从事检验测试（检测）工作的实体。实验室工作的最终成果是检测（检验）报告。根据实验室的工作特点，其工作任务大体上分为以下几个阶段。

实验室的基本任务

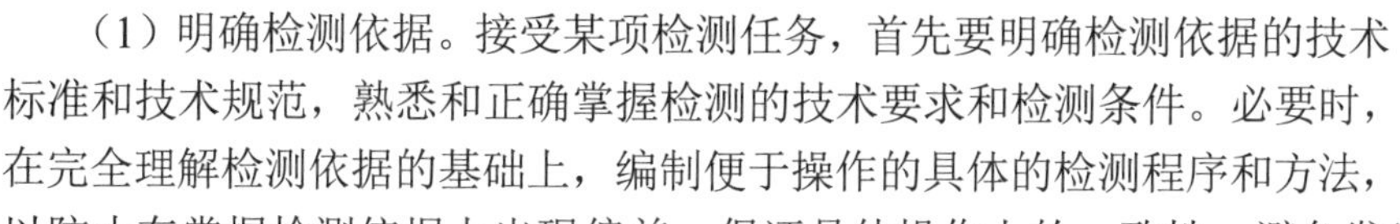

（1）明确检测依据。接受某项检测任务，首先要明确检测依据的技术标准和技术规范，熟悉和正确掌握检测的技术要求和检测条件。必要时，在完全理解检测依据的基础上，编制便于操作的具体的检测程序和方法，以防止在掌握检测依据上出现偏差，保证具体操作上的一致性，避免发生质量问题。

（2）样品的抽取。为了是抽取的样品具有代表性，且真实完整，应制定合理的随机抽样方案，明确抽样、封样、记录、取送方式等各项质量要求和严格按照规程规定进行抽样工作。

（3）样品的管理和试样的制备。为了保证样品的完好，不污染、不损坏、不变质，符合检测技术要求，应编制样品的交接、保管、使用和处置的质量控制措施。需要制备试样时，还应制定制备程序和方法，对制样的工具、模具等也应进行质量控制。

（4）外部供应的物品。对检测工作需用的从外部购进的材料、药品、试剂和器件等物品，应有明确的质量要求和进行验收的质量控制程序。

（5）环境条件。应有满足符合检测技术要求的工作环境，并有必要的监控环境技术参数的技术措施。

（6）检测操作。检验人员要依据检测技术标准和规范规定的方法，正确、规范地进行检测操作，及时准确地记录和采集检测数据。

（7）计算和数据处理。依据检测规范的有关规定，对检测数值进行正确的计算和数据处理，并经过校对验证，以确保结果正确无误。

（8）检测（检验）报告的编制和审定。报告的内容应完整，填写应规范、正确、清晰、判定准确，并严格执行校核、审批程序。分析检测质量形成过程，准确找出可能影响检测工作质量的各项因素，使其持续地处于受控状态，这是建立质量管理体系的一项基本要求。一个完善的实验室质量管理体系，应能实现纠正和预防质量问题的发生，即使一旦出现质量问题也能及时发现，迅速予以纠正和改进。

课堂习题

简答题

简述实验室工作任务分为几个阶段。

知识点二　实验室的基本工作准则

实验室中各项检测任务只有得到正确的、可靠的检测结果，据此才可能对产品质量做出正确的判断和结论。因此，实验室基本的工作准则，应该是坚持公正性、科学性、及时性，做好检测工作。

实验室的基本工作准则

（1）公正性。实验室的全体人员应能严格履行自己的职责，遵守工作纪律，坚持原则，认真按照检测工作程序和有关规定完成工作任务。在检测工作中，不受来自各个方面的干扰和影响，能独立、公正地做出判断，客观、科学、合理地给出评价。

（2）科学性。实验室应具有与检测任务相适应的技术能力和质量保证能力。人员的素质和数量能满足检测工作任务的需要。检测仪器设备和实验室环境条件需符合检测的技术要求。对检测全过程可能产生影响的各个要素，需实施有效的控制和管理，能够持续、稳定地提供准确可靠的检测结果。

（3）及时性。实验室的检测工作要快速及时。因此精心分配任务，严格执行检测计划，做好检测过程各项准备工作，使检测工作高效、有序地进行。试样的制备、仪器设备的校准、环境条件的监控、人员能力的提升及规范操作等都应按照技术规范的要求有序地进行。避免检测过程出现差错，保证仪器设备正常运行，以确保检测工作的及时性。

课堂习题

选择题

实验室的基本工作准则是（　　）。

A．实验室的全体人员都能严格履行自己的职责

B．实验室应具有与检测任务相适应的技术能力和质量保证能力

C．实验室的检测服务要快速及时

D．坚持公正性、科学性、及时性，做好检测工作

任务三　掌握分析化学基础知识

任务描述

（1）查阅资料，了解实验室常用器皿的分类和用途。

（2）查阅资料，熟悉实验中化学试剂的分类与规格，了解试纸的种类及使用方法。

（3）查阅资料，掌握物质的量的相关知识及各物理量间的转换计算，并能熟练运用。

（4）查阅资料，了解滴定分析的相关知识。

任务要求

（1）了解实验室常用器皿的分类和用途，掌握其正确的使用方法及有关基础知识。

（2）了解实验中化学试剂的分类与规格、用途及储存条件等基本知识，能正确使用各级别化学试剂。

（3）了解试纸的种类，能正确地使用各类试纸。

（4）掌握物质的量的相关知识及各物理量间的转换计算，并能熟练运用。

（5）了解滴定分析的分类，能根据标准滴定溶液的浓度和体积来计算分析结果。

完成目的

（1）熟悉化学试剂的规格和适用范围，掌握各种化学试剂使用的注意事项。

（2）建立严格按照操作规程进行安全操作的意识。

（3）掌握物质的量的相关知识，熟练掌握物质的量的相关计算，并能在实验中熟练运用。

（4）在学与做的过程中培养团队协作精神，提高与人交流、合作的能力。

知识点一 实验常用仪器

一、常用仪器

实验常用仪器

实验常用的仪器以玻璃仪器为主，除玻璃仪器外，还有铁架台、滴定台等非玻璃仪器。电子分析天平是实验室中常用的称量仪器。

（一）常用玻璃仪器

常用玻璃仪器的用途及注意事项见表1-2。

表1-2 常用玻璃仪器的用途及注意事项

名称	用途	注意事项
量筒	粗略量取一定体积的液体	不能加热，不能在其中配制溶液，不能在干燥箱中烘干，不能储存试剂，不能量取热溶液
试剂瓶（广口、细口；磨口、无磨口；棕色、无色）	细口瓶：存放液体试剂 广口瓶：存放固体试剂 磨口瓶：防止试剂吸潮和浓度变化 棕色瓶：存放见光易变质的试剂	不能加热，不能在其中配制溶液，盛放碱液时应用橡皮塞，磨口塞要原配
移液管	准确移取一定体积的溶液	不能加热，不能置于干燥箱中烘干
滴定管（酸式、碱式；无色、棕色）	容量分析滴定操作	不能加热，活塞要原配，酸式、碱式滴定管不能混用
容量瓶	配制准确浓度的溶液或定量地稀释溶液	不能直接用火加热，可用水浴加热，不能储存溶液，瓶塞要原配
烧杯	配制溶液	可直接加热，但需使用石棉网（使其受热均匀）
锥形瓶	加热处理试样、容量分析	可直接加热，但需使用石棉网；磨口锥形瓶加热时要打开瓶塞
圆底烧瓶、平底烧瓶、蒸馏烧瓶	加热或蒸馏液体，也可装配气体发生反应器	可直接加热，但需使用石棉网或加热套；可用水浴、油浴、沙浴等方式加热
凯氏烧瓶	消解有机物	可直接加热，但需使用石棉网，瓶口勿朝向自己及他人

续表

名称	用途	注意事项
试管（普通、具支、离心）	定性检验、离心分离	可直接在火上加热，但不能骤冷；离心试管只能在水浴上加热
滴瓶（棕色、无色）	存放少量溶液	不要将溶液吸入胶头内；磨口塞要原配；不要长期存放碱性溶液，存放时应使用橡皮塞
抽滤瓶	抽滤时接收滤液	属于厚壁容器，能耐负压，不可加热

（二）其他玻璃仪器

1. 蒸馏器

蒸馏器是实验室常用的蒸馏设备，主要有两种类型，一种是全玻璃蒸馏器，由标准磨砂口的具塞圆底蒸馏烧瓶和冷凝管配套而成；另一种是由其他种类的蒸馏烧瓶和冷凝管用软连接方式组合而成的，根据实验需要可选择不同规格的蒸馏烧瓶和冷凝管。蒸馏烧瓶的规格一般为500～1 000mL。冷凝管的规格，一种是按照有效冷凝长度划分的，常见的为 250～400mm；另一种是按其冷凝形式划分的，分为球形冷凝管、蛇形冷凝管、直形冷凝管和空气冷凝管四种（图 1-1）。

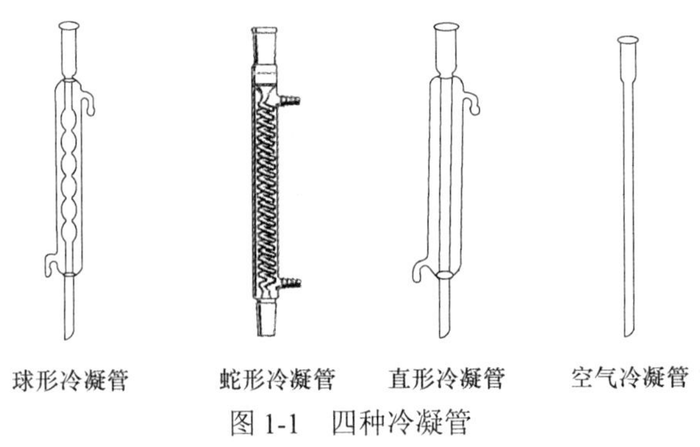

图 1-1　四种冷凝管

蛇形冷凝管的冷凝面积最大，适用于将沸点较低的物质由蒸气冷凝成液体；直形冷凝管的冷凝面积最小，适用于冷凝沸点较高的物质；球形冷凝管则两种情况都可以使用，还可用于回流实验。

使用冷凝管的注意事项：不可骤冷骤热，注意冷却水从下口进，上口出（空气冷凝管除外）。

2. 干燥器

干燥器用于保持烘干或灼烧过的物质的干燥，也可用于干燥少量样品。干燥器的使用方法如图 1-2 所示。

注意：干燥器底部放变色硅胶或其他等效干燥剂，盖磨口处涂适量凡士林；不可将太热的物体放入干燥器；放入较热的物体后要不时把盖子稍微推开，以免盖子跳起。

3. 酒精灯

酒精灯结构简单，由灯体、棉灯绳、瓷灯芯、灯帽和乙醇五大部分所组成。其使用方便，但温度较低，可用于直接加热。

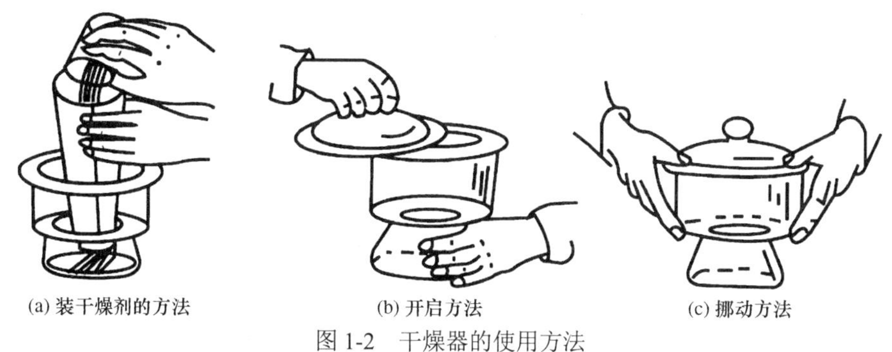

图 1-2　干燥器的使用方法

注意：

（1）酒精灯以乙醇为燃料，灯内的乙醇量不能超过其总容积的 2/3。向灯壶内添加乙醇时一定要先灭火，并等冷却后再操作，切记远离明火，如不慎将乙醇洒在灯的外部，一定要擦拭干净后才能点火。

（2）严禁用一盏酒精灯去点燃另一盏酒精灯。

（3）熄灭酒精灯时一定要用灯帽盖灭，切记不可用嘴吹。

二、玻璃仪器的洗涤方法

在实验工作中，洗涤玻璃仪器不仅是一个实验前必须做的准备工作，也是一个技术性的工作。常用玻璃仪器干净程度，常常影响到实验结果的可靠性与准确性，所以保证所使用的玻璃仪器干净是非常重要的。洗净的器皿内壁均匀附着一层水膜，既不聚成水滴，也不成股流下。洗涤玻璃仪器前，应对器皿的沾污物性质进行估计，然后选择适当的洗涤液及洗涤方法。

1. 洗涤液及其使用范围

（1）肥皂、去污粉、洗衣粉、洗洁精：多用于借助毛刷直接刷洗的器皿，如烧杯、锥形瓶、试剂瓶等。

（2）洗液（酸性或碱性）：多用于不宜用毛刷刷洗的器皿，如滴定管、移液管、容量瓶、比色管、比色皿等，也用于洗涤长久不用的玻璃仪器和毛刷刷不下的污垢。

（3）有机溶剂：针对不同类型的油腻污物，选用不同的有机溶剂进行洗涤，如甲苯、二甲苯、氯仿、乙酸乙酯、汽油等。如果要除去器皿上的水分，可以用乙醇、丙酮处理，最后再用乙醚处理。

2. 洗涤玻璃仪器的方法

实验室配备各种规格和型号的毛刷，如试管刷、烧杯刷、量筒刷等。清洗精密量器时不宜使用毛刷，因毛刷容易磨损量器内壁，产生误差。

洗涤玻璃仪器的方法如下。

（1）用水刷洗：先用皂液把手洗干净，然后用不同形状的毛刷刷洗仪器内外表面，刷洗掉可溶性物质及表面黏附的灰尘。

（2）用皂液、合成洗涤液刷洗：水洗后用毛刷蘸去污粉、洗涤液等将器皿内外全刷一遍，再用自来水边冲边刷洗。

（3）用蒸馏水（或纯水）冲洗：用自来水冲干净后，用少量蒸馏水（或去离子水）冲洗器皿内壁 2～3 次。若挂水珠，则要重新洗涤。

3. H_2CrO_4洗液的配制及使用

H_2CrO_4洗液是一种主要用来清理钢材的溶液，可以对不锈钢全面清洗钝化，清除各类油污、手印、浮锈等污垢。H_2CrO_4洗液的组成部分主要是 $K_2Cr_2O_7$。洗液可根据需要配制成不同的强度（表 1-3）。

表 1-3　H_2CrO_4洗液配方

成分	强酸洗液		次强酸洗液	
$K_2Cr_2O_7$/g	63	3 150	120	6 000
H_2SO_4（工业）/mL	1 000	5 000	200	10 000
蒸馏水/mL	200	10 000	1 000	50 000

1）使用方法

H_2CrO_4洗液可以原液常温使用，也可以 1∶1 兑水后加热到 50～60℃后使用，浸泡 20～40min（具体时间和温度可根据自己的具体情况而定），至表面形成均匀致密的钝化膜为止，取出，用清水冲洗干净，最好再用“中和防锈液”进行中和防锈处理。

2）配制方法

称取 20g 的 $K_2Cr_2O_7$，溶于 40mL 水中，将浓 H_2SO_4 360mL 徐徐加入 $K_2Cr_2O_7$ 溶液中（千万不能将水或溶液加入 H_2SO_4 中），边倒边用玻璃棒搅拌，并注意不要溅出，混合均匀，冷却后，装入洗液瓶备用。新配制的洗液为红褐色，氧化能力很强，当洗液用久后变为墨绿色，说明洗液无氧化洗涤力，可加入固体 $KMnO_4$ 使其再生。

再生具体方法：取废液滤出杂质，不断搅拌，缓慢加入 $KMnO_4$ 粉末，加入量为 6～8g/L，至反应完毕，溶液呈棕色。静置使沉淀析出，倾取上清液，在 160℃以下加热，使水分增发，得浓稠状棕黑色液体，放冷，再加入适量浓 H_2SO_4，混匀，使析出的 $K_2Cr_2O_7$ 溶解，备用。

3）使用注意事项

（1）使用时要注意不能让 H_2CrO_4 洗液溅到身上，以防“烧”破衣服和损伤皮肤。

（2）使用 H_2CrO_4 洗液前，最好先用自来水将器皿清洗干净，这样可以延长洗液使用周期。

（3）H_2CrO_4 洗液倒入要洗的仪器中，应使仪器周壁全浸洗后稍停一会儿再倒回洗液瓶。

（4）实验完毕，清洗仪器时，第一次用少量水冲洗刚浸洗过的仪器后，废水不要倒在水池里和下水道里，长久会腐蚀水池和下水道，应倒在废液缸中，缸满后倒在垃圾里，如果无废液缸，倒入水池时，要边倒边用大量的水冲洗。

4. 常用的其他洗涤液配制及其使用

（1）碱性 $KMnO_4$ 洗液：4g $KMnO_4$ 溶于水中，加入 10g KOH，用水稀释至 100mL。该溶液用于清洗油污或其他有机物质。

（2）$H_2C_2O_4$ 洗液：5～10g $H_2C_2O_4$ 溶于 100mL 水中，加入少量浓 HCl。该溶液用于洗涤 $KMnO_4$ 洗后产生的 MnO_2。

（3）I_2-KI 洗液（1g I_2 和 2g KI 溶于水，用水稀释至 100mL）：用于洗涤黑褐色残留

污物 $AgNO_3$。

（4）纯酸洗液：1∶1 的 HCl 或 HNO_3，用于去除微量离子。

（5）碱性洗液：10% NaOH 水溶液，加热使用去油效果较好。

（6）有机溶剂（乙醚、乙醇、苯、丙酮）：用于洗去油污或溶于该溶剂的有机物。

（7）HCl-乙醇溶液：1∶2 HCl-乙醇溶液，用于比色皿的清洗。

5. 成套组合专用玻璃仪器洗涤

凯氏定氮仪，除洗净仪器每个部件外，用前还应将整套装置用热蒸汽处理 5min，以除去仪器中的空气。洗涤索氏抽提器要用乙烷、乙醚分别回流提取 3～4h。

6. 砂芯玻璃滤器的洗涤

（1）新的砂芯玻璃滤器使用前应以热的 HCl 或 H_2CrO_4 洗液边抽滤边清洗，再用蒸馏水洗净。可正置或者倒置用水反复抽洗。

（2）针对不同沉淀物，采用适当的洗涤液（表 1-4）先溶解沉淀，或用水抽洗沉淀物，再用蒸馏水冲洗干净。在 110℃烘干的升温和冷却过程都要缓慢进行，以防裂损。

表 1-4 洗涤砂芯玻璃滤器常用的洗涤液

沉淀物	洗涤液
AgCl	$NH_3 \cdot H_2O$（1∶1）或 10% $Na_2S_2O_3$ 水溶液
$BaSO_4$	用 100℃浓 H_2SO_4 或乙二胺四乙酸-氨水溶液（EDTA-$NH_3 \cdot H_2O$）（3% EDTA 500mL 与浓氨水 100mL 混合），加热近沸
汞渣	热浓 HNO_3
有机物质	H_2CrO_4 洗液浸泡或温热洗液抽吸
脂肪	CCl_4 或其他适当的有机溶剂
细菌	化学纯浓 H_2SO_4 5.7mL，化学纯 $NaNO_3$ 2g，纯水 94mL，充分混匀，抽气并浸泡 48h 后以热蒸馏水洗净

（3）砂芯玻璃滤器使用后须进行洗涤处理，以免因沉淀物堵塞而影响过滤效果。

（4）砂芯玻璃滤器保存在无尘的柜或有盖容器中，否则积存的灰尘堵塞滤孔很难洗净。

7. 比色皿的洗涤

比色皿是光度分析最常用的器皿，要注意保护好透光面；拿取时手应捏住毛玻璃面，不要接触透光面，玻璃或石英比色皿在使用前要充分洗净。视污染情况，比色皿通常可以用冷酸或乙醇、乙醚等有机溶剂清洗。征对被污染物的性质可以使用以下方法清洗：对于有机物的污染，可以用 HCl（3mol/L） 乙醇（1∶1）溶液洗涤；显色剂污染用硝酸（1+2）浸洗。最后分别用自来水、蒸馏水充分洗净后倒立在纱布或滤纸上控去水；如急用，可用乙醇、乙醚润洗后用吹风机吹干。

光度分析时，可将擦镜纸折叠为 4 层，轻轻擦拭透光面黏附的试样直至透明，擦拭过程中手指不可触碰透光面。

三、玻璃仪器的干燥和存放

（一）玻璃仪器的干燥

实验室常用的玻璃器皿应洗净备用。不同实验对玻璃仪器的干燥程度有不同的要求，一般定量分析中用的烧杯、锥形瓶等仪器洗净即可使用，不必沥水；而用于有机化学实验或有机分析的仪器很多是要求干燥的，有的要求没有水迹，有的则要求无水。应根据不同要求来干燥仪器。

（1）晾干。不急用的要求一般干燥的仪器，可在纯水涮洗后在无尘处倒置沥去水分，然后自然干燥。可用专用的玻璃柜放置仪器。

（2）烘干。洗净的仪器沥去水分，放在电热干燥箱或红外干燥箱中烘干，干燥箱温度为 105～120℃，烘干 1h 左右。称量瓶等在烘干后要放在干燥器中冷却和保存。砂芯玻璃滤器、带实心玻璃塞的及厚壁的仪器烘干时要注意慢慢升温并且温度不可过高，以免烘裂。玻璃量器的烘干温度不得超过 150℃，以免引起容积变化。

（3）吹干。急需干燥又不宜于烘干的玻璃仪器，可以使用电吹风吹干。

将少量乙醇、丙酮（或最后用乙醚）倒入仪器中润洗，流净溶剂后，再用电吹风吹干。开始先用冷风，然后吹入热风至干燥，再用冷风吹去残余的溶剂蒸气。此法要求通风好，要防止中毒，并要远离明火。

（二）玻璃仪器的存放

玻璃仪器要分类地存放，以便取用。下面列举一些仪器的存放方法。

（1）移液管：洗净后置于防尘的盒中。

（2）滴定管：用毕洗去内装的溶液，洗净后注满纯水，上盖玻璃短试管或塑料套管，也可倒置夹于滴定管架上。

（3）比色皿：用毕后洗净，在小瓷盘或塑料盘下垫滤纸，倒置晾干后收于比色皿盒或洁净的器皿中。

（4）带磨口塞的仪器：容量瓶或比色管等最好在清洗前就用小线绳或橡皮筋把塞和管对应拴好，以免损坏或弄混。需长期保存的磨口仪器要在塞子与瓶口间垫一张小纸片，以免日久粘住。

四、打开粘住的磨口塞的方法

当磨口塞打不开时，切勿用力拧，很容易拧碎，针对不同的情况可采取以下相应的措施。

（1）凡士林等油状物质粘住瓶塞，可以用电吹风或微火慢慢加热使油类黏度降低或熔化，配合木棒轻敲塞子来打开。

（2）容器长时间不用，因尘土等粘住，把它泡在水中，几小时后可打开。

（3）被碱性物质粘住瓶塞的试剂瓶，可将其泡在水中加热至沸，再用木棒轻敲塞子来打丌。

（4）内有试剂的试剂瓶塞打不开时，若瓶内是腐蚀性试剂，如浓 H_2SO_4 等，要在瓶外放好塑料圆桶以防瓶破裂。并且操作者要戴安全防护面罩，脸部不要离瓶口太近。打开盛有毒气体的瓶塞要在通风橱内操作。

（5）对于因结晶或碱金属盐沉积及强碱粘住的瓶塞，可把瓶口泡在水中或稀 HCl 中，经过一段时间后可打开。

（6）将粘住的瓶塞部位通过超声波的振动和渗透作用打开瓶塞，此法效果很好。

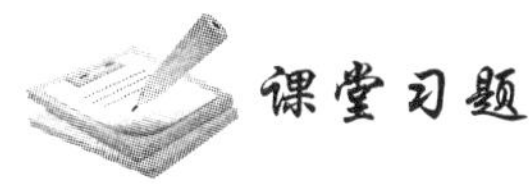

课堂习题

填空题

（1）以下不属于玻璃仪器常用干燥方法的是________。

（2）使用冷凝管时，冷却水从________口进，________口出。

知识点二 化学试剂和试纸

一、化学试剂

化学试剂和试纸

化学试剂是进行化学研究、成分分析的相对标准物质，广泛用于物质的合成、分离，定性和定量分析。化学试剂分类方法较多，如按状态可分为固体试剂、液体试剂；按用途可分为通用试剂、专用试剂；按类别可分为无机试剂、有机试剂；按性能可分为危险试剂、非危险试剂。

（一）常用化学试剂的级别、标签颜色和适用范围

《化学试剂 包装及标志》（GB/T 15346—2012）中规定了化学试剂的级别及相对应的标签颜色，见表 1-5。

表 1-5 常用化学试剂

级别	符号	适用范围	标签颜色
优级纯	GR	纯度高，适用于精密分析，可作基准物质	深绿色
分析纯	AR	纯度较高，适用于多数分析和科研，如配制滴定溶液，可用于鉴别及杂质检查等	金光红色
化学纯	CP	只用于配制半定量、定性分析中的试液和清洁液等，用于一般化学实验，有较少的杂质	中蓝色
基准试剂	PT	用于标定滴定分析用标准溶液的标准参考物质。可作为基准物使用，也可精确称量后直接配制标准溶液。含量在 99.95%～100.05%，杂质含量略低于或相当于优级纯	深绿色
生物染色剂	BS	配制微生物标本的染色液	玫红色

（二）常见化学试剂的取用

实验室中一般只储存固体试剂和液体试剂，气体物质都是需用时临时制备。在取用和使用任何化学试剂时，首先要做到“三不”，即不用手拿，不直接闻气味，不尝味道。此外，还应注意试剂瓶塞或瓶盖打开后要倒放桌上，取用试剂后立即还原塞紧。否则会污染试剂，使之变质而不能使用，甚至可能引起意外事故。

1. 固体试剂的取用

粉末状试剂或粒状试剂一般用药匙取用。药匙有动物角匙、也有塑料药匙，且有

大小之分。用量较多且容器口径又大者，可选大号药匙；用量较少或容器口径又小者，可选用小号药匙，并尽量送入容器底部。特别是粉状试剂容易散落。或沾在容器口和壁上。可将其倒在折成的槽形纸条上，再将容器平置，使纸槽沿器壁伸入底部、竖起容器并轻抖纸槽，试剂便落入器底。块状固体用镊子，送入容器时，务必先使容器倾斜，使之沿器壁慢慢滑入器底。若实验中无规定剂量时，所取试剂量以刚能盖满试管底部为宜。取多了的试剂不能放回原瓶，也不能丢弃，应放在指定容器中供他人或下次使用。取用试剂的镊子或药匙务必擦拭干净、更不能一匙多用。用后也应擦拭干净，不留残物。

2. 液体试剂的取用

用少量液体试剂时，常使用胶头滴管吸取。用量较多时则采用倾泻法。从细口瓶中将液体倾入容器时，把试剂瓶上贴有标签的一面握在手心，另一手将容器斜持、并使瓶口与容器口相接触，逐渐倾斜试剂瓶，倒出试剂。试剂应该沿着容器壁流入容器，或沿着洁净的玻璃棒将液体试剂引流入细口或平底容器内。取出所需量后，逐渐竖起试剂瓶，把瓶口剩余的液滴碰入容器中去，以免液滴沿着试剂瓶外壁流下。若实验中无规定剂量时，一般取用 1～2mL。定量使用时，则可根据要求选用量筒、滴定管或移液管。多余的试剂也不能倒回原瓶，更不能随意废弃，应倒入指定容器内供他人使用。若取用有毒试剂时，必须在教师指导下进行，或严格遵照规则取用。

3. 指示剂的使用

指示剂是化学试剂中的一类。在一定介质条件下，其颜色能发生变化、能产生浑浊或沉淀，以及有荧光现象等。常用它检验溶液的酸碱性；滴定分析中用来指示滴定终点；环境检测中检验有害物，一般分为酸碱指示剂、氧化还原指示剂、金属指示剂、吸附指示剂等。

用以指示滴定终点的试剂。在各类滴定过程中，随着滴定剂的加入，被滴定物质和滴定剂的浓度都在不断变化，在等当点附近，离子浓度会发生较大变化，能够对这种离子浓度变化做出显示（如改变溶液颜色，生成沉淀等）的试剂叫作指示剂。如果滴定剂或被滴定物质是有色的，它们本身就具有指示剂的作用，如 $KMnO_4$。

不同的指示剂在不同的酸碱环境下呈现不同的颜色。指示剂一般都是有机弱酸或弱碱，它们在一定的 pH 值范围内，变色灵敏，易于观察。故其用量很小，一般为每 10mL 溶液加入 1 滴指示剂。

指示剂的种类很多，除石蕊、酚酞、甲基橙外、还有甲基红、百里酚酞、百里酚蓝、溴甲酚绿等，它们的变色范围不同，用途也不尽一致。容量分析中，为了某些特殊需要，除用单一的指示剂外，也常用混合指示剂。表 1-6 列出一些常用的指示剂的配制方法及变色范围。

表 1-6　各种指示剂的配制方法和颜色变化及变色 pH 值范围

指示剂名称	配制方法	颜色变化	变色 pH 值范围
百里香酚蓝 1g/L	称取 0.1g 百里香酚蓝溶于乙醇（95%），用乙醇（95%）稀释至 100mL	红至黄	1.2～2.8

续表

指示剂名称	配制方法	颜色变化	变色 pH 值范围
甲基橙 1g/L	称取 0.1g 甲基橙溶于 70℃的水中，冷却，稀释至 100mL	红至黄	3.1～4.4
溴酚蓝 0.4g/L	称取 0.04g 溴酚蓝溶于乙醇(95%)，用乙醇(95%)稀释至 100mL	黄至紫蓝	3.0～4.6
溴甲酚绿 1g/L	称取 0.1g 溴甲酚绿溶于乙醇（95%），用乙醇（95%）稀释至 100mL	黄至蓝	3.8～5.4
甲基红 1g/L	称取 0.1g 甲基红溶于乙醇(95%)，用乙醇(95%)稀释至 100mL	红至黄	4.4～6.2
结晶紫 5g/L	称取 0.5g 结晶紫，溶于乙酸（冰醋酸）中，用乙酸（冰醋酸）稀释成 100mL	绿至蓝	0.5～2.0
酚酞 10g/L	称取 1g 酚酞溶于乙醇（95%），用乙醇（95%）稀释至 100mL	无色至淡红	8.2～0.0
百里香酚酞 1g/L	称取 0.1g 百里香酚酞溶于乙醇（95%），用乙醇（95%）稀释至 100mL	红至黄	1.2～2.8
溴甲酚绿-甲基红	取 30mL1g/L 溴甲酚绿乙醇溶液与 10mL 1g/L 甲基红乙醇溶液混合	红至绿	5.0～5.2（5.0 以下为暗红色，5.1 为灰绿色，5.2 以上为绿色）
甲酚红-亚甲基蓝	称取 0.1g 亚甲基蓝溶于乙醇（95%），用乙醇（95%）稀释至 100mL 取 50mL1g/L 亚甲基蓝乙醇溶液与 100mL 1g/L 甲基红乙醇溶液混合	紫至绿	5.4（5.2 以下为红紫色，5.4 为暗蓝色，5.6 以上为绿色）

使用试液时，一般用胶头滴管滴入 1～2 滴试液于待检溶液中，振荡后观察颜色的变化。指示剂有其各自的变色范围，但其变色范围不是恰好位于 pH 值为 7 的左右。其次各种指示剂在变色范围内会显示出逐渐变化的过渡颜色；再则，各种指示剂的变色范围值的幅度也不尽相同。因此，在酸碱中和滴定中，为降低终点时的误差，不同类别的酸碱滴定，应当选用适宜的指示剂。一般来说，强酸滴定强碱或强碱滴定强酸时，可选用甲基橙、甲基红或酚酞试液作指示剂；强碱滴定弱酸时，则需选用百里酚酞或百里酚蓝试液为指示剂，若是强酸滴定弱碱时，应当选择溴甲酚绿或溴酚蓝试液。

（三）特殊化学试剂的取用

1. 易燃固体试剂

（1）黄磷。黄磷又名白磷，应存放于盛水的棕色广口瓶里，水应保持将磷全部浸没；再将试剂瓶埋在盛硅石的金属罐或塑料筒里。

取用时，因其易氧化，燃点又低，有剧毒，能灼伤皮肤，故应在水下面用镊子夹住，小刀切取。

（2）红磷。红磷又名赤磷，应存放在棕色广口瓶中，务必保持干燥。取用时要用药匙，勿近火源，避免和灼热物体接触。

（3）钠、钾。金属钠、钾应存放于无水煤油、液体石蜡或甲苯的广口瓶中，瓶口用塞子塞紧。若用软木塞，还需涂石蜡密封。取用时切勿与水或溶液相接触，否则易引起火灾。取用方法与白磷相似。

2. 易挥发出有腐蚀气体的试剂

（1）液溴。液溴密度较大，极易挥发，蒸气极毒，皮肤溅上溴液后会造成灼伤。故应将液溴储存在密封的棕色磨口细口瓶内，为防止其扩散，一般要在溴的液面上加水起到封闭作用。且再将液溴的试剂瓶盖紧放于塑料筒中，置于阴凉不易碰翻处。

取用时，要用胶头滴管伸入水面下液溴中迅速吸取少量后，密封放还原处。

（2）浓氨水（$NH_3 \cdot H_2O$）。浓氨水极易挥发，要用塑料塞和螺旋盖的棕色细口瓶，储放于阴凉处。使用时，开启浓氨水的瓶盖要十分小心。因瓶内气体压强较大，有可能冲出瓶口使氨液外溅。所以要用塑料薄膜等遮住瓶口，使瓶口不要对着任何人，再开启瓶塞。特别是气温较高的夏天，可先用冷水降温后再启用。

（3）浓 HCl。浓 HCl 极易放出 HCl 气体，具有强烈刺激性气味。所以应盛放于磨口细口瓶中，置予阴凉处，要远离浓氨水储放。取用或配制这类试剂的溶液时，若量较大，接触时间又较长者，还应戴上防毒口罩。

3. 易燃液体试剂

乙醇、乙醚、CS_2、苯、丙醇等沸点很低，极易挥发又易着火，故应盛于既有塑料塞又有螺旋盖的棕色细口瓶里，置于阴凉处。取用时勿近火种。其中常在 CS_2 的瓶中注少量重水，起“水封”作用。因为 CS_2 沸点极低，为 46.3℃，密度比水大，为 1.26g/cm^3 且不溶于水，水封保存能防止其挥发。而常在乙醚的试剂瓶中，加少量铜丝，则是防止乙醚因变质而生成易爆的过氧化物。

4. 易升华的物质

易升华的物质有多种，如 I_2、干冰、萘、蒽、苯甲酸等。其中碘片升华后，其蒸气有腐蚀性，且有毒。所以这类固体物质均应存放于棕色广口瓶中，密封放置于阴凉处。

5. 剧毒试剂

剧毒试剂常见的有氰化物、砷化物、汞化合物、铅化合物、可溶性钡的化合物及汞、黄磷等。这类试剂要求与酸类物质隔离，放于干燥、阴凉处，专柜加锁。取用时应在指导下进行。

6. 易变质的试剂

（1）固体烧碱。NaOH 极易潮解并可吸收空气中的 CO_2 而变质不能使用。所以应当保存在广口瓶或塑料瓶中，塞子用蜡涂封。特别要注意避免使用玻璃寨子，以防粘住。KOH 与此相同。

（2）碱石灰、生石灰、CaC（电石）、P_2O_5、Na_2O_2 等。上述试剂都易与水蒸气或 CO_2 发生作用而变质，它们均应密封储存，特别是取用后，应注意将瓶塞塞紧，放置干燥处。

（3）$FeSO_4$、Na_2SO_3、$NaNO_2$ 等。上述试剂具有较强的还原性，易被空气中的 O_2 等氧化而变质，应密封保存，并尽可能减少与空气的接触。

（4）H_2O_2、$AgNO_3$、KI、浓 HNO_3、亚铁盐、三氯甲烷（氯仿）、苯酚、苯胺等。上述试剂受光照后会变质，有的还会放出有毒物质。它们均应按其状态保存在不同的棕色试剂瓶中，且避免光线直射。

（四）对照品和标准品的使用及保存

（1）对照品和标准品应按说明书的规定进行保存，并在有效期内使用。

（2）稀释后的对照品和标准品溶液不能无限期使用。

(3) 除另有规定外，对照品均按干燥品或无水物计算后使用：根据对照品的性质采用适宜的干燥方法处理后直接称量。

(五) 化学试剂使用注意事项

(1) 不同的分析方法对试剂要求不同。不同等级的试剂其价格往往相差很远，纯度越高，价格越贵。因此，应根据实验任务、实验方法和对实验结果准确度的要求，合理选用不同等级的试剂。在满足实验要求的前提下，本着就低不就高的原则。选择不当，会造成资金浪费或影响实验结果。

(2) 实验员应熟知试剂的浓度及性质（如市售酸碱的浓度，试剂在水中的溶解度，有机溶剂的沸点、燃点，试剂的腐蚀性、毒性、爆炸性等）。

(3) 分装或配制试剂后应立即贴标签，注意防止试剂瓶上的标志掉落。决不可在瓶中装与标签不符的物质。无标签的试剂可取小样检定，不能用的要慎重处理，不应乱倒。

(4) 取样。固体药品宜用洁净药匙从试剂瓶中取出，绝不可用手抓取；液体试剂可用洁净量筒量取，不要用吸管直接伸入原试剂瓶吸取；取出的试剂不可倒回原瓶。

二、试纸

试纸是用指示剂或试剂浸过的干纸条，可用以检验溶液的酸碱性和某种化合物、原子、离子的存在，如石蕊试纸、碘化钾淀粉试纸、酚酞试纸、广泛 pH 试纸、血糖试纸、温度试纸等。pH 试纸是用多种酸碱指示剂进行浸渍的，用以检验物质的酸性或碱性，或待测溶液的近似 pH 值。

1. 试纸的种类

1）酸碱试纸

酸碱试纸，用来测量溶液的酸碱度的指示用具。遇酸性或碱性溶液分别呈现不同的颜色。例如，石蕊试纸遇碱性溶液（pH＞7）呈蓝色；遇酸性溶液（pH＜7）呈红色。可分为以下两种：

(1) 单一型酸性试纸，纸上只有一种指示剂，如石蕊试纸、刚果红试纸（pH＜3 呈蓝紫色，pH＞5 呈红色）、酚酞试纸（pH＜8.2 无色，pH＞10 呈红色）。石蕊试纸是将纸张浸于含石蕊试剂的溶液中制成的。石蕊试纸在酸性液中呈红色，在碱性液中呈蓝色。故要侦检酸性液时宜用蓝色石蕊试纸，侦检碱性液时则用红色石蕊试纸。

(2) 广泛 pH 试纸是由数种指示剂混合成的混合指示剂浸染而成，其变色范围由酸性至碱性乃由红橙黄绿蓝各色连续变化而得，故可较石蕊试纸更准确地指出酸碱性的强弱程度。例如，以一定比率配合的甲基黄、甲基红、溴百里酚蓝、百里香酚蓝和酚酞试纸，它在不同 pH 值时呈现不同的颜色，所以又称万用试纸。广泛 pH 试纸的种类很多，变色 pH 值间隔有 1、0.5、0.2～0.3 个 pH 值级，有的可测 pH 值范围较宽，有的较窄，如 pH 值范围可以有 1～14、5～10、0～0.25、2.5～4.5、5.2～7.2 等。当一般酸碱性试纸接触溶液时会产生渗色现象，即试纸上的指示剂会渗散。

酸碱试纸在干燥时无法检验干燥气体的酸碱性，故若要检验气体的酸碱性时必须先将试纸润湿，才会可以使用，发生变色反应。

2）半定量试纸

半定量试纸上浸渍有灵敏度和选择性都高的试剂，与被检对象接触时，以其显示的颜色与所附标准色阶进行比较，完成半定量测定。例如，用于检测 H_2S 的乙酸铅试纸、检测 O_3 和氧化剂的 KI-淀粉试纸、检测硼酸盐的姜黄试纸等。由于这种试纸的色阶间距较大，分辨力不太高，故只能作半定量分析。如果存在干扰元素，事先须经前处理。

3）区间试纸

区间试纸是一种可以测定浓度范围的试纸。以测定水质硬度的区间试纸为例，4 个小片试纸黏着在一条塑料片上，每片试纸上荷载一定量的指示剂和缓冲剂及不同量的 EDTA。试纸浸入水中后，从 4 个小片的颜色变化，就可估计出水的硬度。测定 Cl^- 的试纸可用滤纸荷载不同量的 $AgNO_3$，并加入一定量的铬酸盐作指示剂；测定时在试纸上滴加 3nL 的试样，从颜色变化可测定 Cl^- 的含量。

4）生化试纸

生化试纸是将生化试剂固定在试纸上而成，用以检验血液、尿、粪便和其他体液中的生化物质，如血清、血浆和尿中的胆红素和蛋白质、葡萄糖、血红素、酮体、亚硝酸盐、尿胆素原等。

5）试剂试纸

为了野外或现场检测和携带的方便，有时也可将试剂吸着在滤纸上，剪成一定面积的滤纸小片，每片滤纸上荷载有一定量的试剂，测试时可直接将这种滤纸片加进被测溶液中，试剂试纸的缺点是某些试剂在滤纸上吸附较牢，不易释放出来。

2. 试纸的使用方法

（1）检验溶液的性质。取一小块试纸在表面皿或玻璃片上，用蘸有待测液的玻璃棒或胶头滴管点于试纸的中部，观察颜色的变化，判断溶液的性质。

（2）检验气体的性质。先用蒸馏水把试纸润湿，粘在玻璃棒的一端，用玻璃棒把试纸靠近气体，观察颜色的变化，判断气体的性质。

3. 试纸使用注意事项

（1）试纸不可直接伸入溶液。

（2）试纸不可接触试管口、瓶口、导管口等。

（3）测定溶液的 pH 值时，试纸不可事先用蒸馏水润湿，因为润湿试纸相当于稀释被检验的溶液，这会导致测量不准确。正确的方法是用蘸有待测溶液的玻璃棒将待测溶液滴在试纸的中部，待试纸变色后，再与标准比色卡比较，来确定溶液的 pH 值。

（4）取出试纸后，应将盛放试纸的容器盖严，以免被实验室的一些气体污染。

课堂习题

填空题

（1）优级纯试剂符号是________，规定标签颜色为________。

（2）分析纯试剂符号是________，规定标签颜色为________。

（3）一般分析实验和科学研究中使用________。

知识点三 溶液浓度的表示方法

一、物质的量

物质的量是一个物理量，它表示含有一定数目粒子的集体，符号为 n。物质的量的单位为摩尔，简称摩，符号为 mol。物质的量是国际单位制中基本的物理量之一，它和时间、质量、长度等概念一样，是一个物理量的整体名词。摩尔这个单位不但应用在化学方面，而且广泛应用于其他科学研究领域及工农业生产等方面。

溶液浓度的表示方法

（一）摩尔

我们知道，物质是由众多极微小的粒子构成的，而分子、原子、离子等这些构成物质的粒子是我们肉眼看不见的，虽然它们本身具有一定的质量，但难以称量。如果我们取众多粒子的集合体时，就可以称量了，这样在进行研究和计算时，就会带来很多方便。摩尔这个单位就是把微观的粒子集体与宏观的可称量的物质联系起来的桥梁。

科学上以 0.012kg ^{12}C 中所含碳原子个数作为摩尔的基准（^{12}C 就是原子里含有 6 个质子和 6 个中子的碳原子）。0.012kg ^{12}C 含有的碳原子数就是阿伏伽德罗常数。阿伏伽德罗常数的符号为 N_A。该常数是经过实验测得的比较准确的数值，在实际运用中则采用 6.02×10^{23} 这个非常近似的数值。

摩尔是表示物质的量的单位，1mol 定义为精确包含阿伏伽德罗常数个原子或分子等基本单元的系统的物质的量。因此，在使用摩尔这个单位时，应指明粒子的种类，如 0.5mol O_2、1mol H_2、2mol Na^+等，再如：

1mol H_2 含有 6.02×10^{23} 个氢分子；

1mol C 含有 6.02×10^{23} 个碳原子；

1mol SO_4^{2-} 含有 6.02×10^{23} 个硫酸根。

物质的量（n）、粒子数（N）与阿伏伽德罗常数（N_A）之间存在下述关系：

$$n=\frac{N}{N_A}$$

阿伏伽德罗常数虽是个很大的数值，但以摩尔作为物质的量的单位应用起来却极为方便。这是因为单个碳原子难以称量，而 6.02×10^{23} 个碳原子就易于称量，其质量为 12g。由此，我们可以推算 1mol 任何原子的质量。

我们知道，元素的原子量是以 ^{12}C 质量的 1/12 作为标准的，根据元素原子量的定义可知，1 个 C 原子和 1 个 H 原子的质量比为 12∶1。由于 1mol ^{12}C 和 1mol H 所含有的原子数目相同，都为 6.02×10^{23} 个，所以 1mol ^{12}C 和 1mol H 的质量比也应为 12∶1。1mol ^{12}C 是 12g，那么，1mol H 的质量就是 1g。同理，1mol 任何原子的质量，就是以 g 为单位，在数值上等于该种原子的原子量。例如，O 的原子量是 16，1mol O（氧原子）的质量是 16g；Cu 的原子量是 63.55，1mol Cu 的质量是 63.55g。

同理可以推知，1mol 任何物质的质量以 g 为单位，数值上等于这种物质的分子量。例如：

SO_2 的分子量是 64，1mol SO_2 的质量是 64g；

H_2O 的分子量是 18，1mol H_2O 的质量是 18g；

NaCl 的分子量是 58.5，1mol NaCl 的质量是 58.5g。

我们还可以推知 1mol 任何离子的质量。由于每个电子相对于整个原子来说，它的质量很微小，因此失去或得到的电子的质量可以忽略不计。例如，1mol H^+的质量是 1g；1mol SO_4^{2-} 的质量是 96g；1mol Cu^{2+}的质量是 63.55g。

（二）摩尔质量

我们将单位物质的量的物质所具有的质量称为摩尔质量。也就是说，物质的摩尔质量是该物质的质量与该物质的量之比。摩尔质量的符号为 M，常用的单位为 g/mol。例如，Na 的摩尔质量为 23g/mol；NaCl 的摩尔质量为 58.5g/mol；SO_4^{2-} 的摩尔质量为 96g/mol。

物质的量（n）、物质的质量（m）和物质的摩尔质量（M）之间存在着下述关系：

$$M=\frac{m}{n}$$

二、溶液浓度表示方法及溶液配制

溶液是由至少两种物质组成的均一、稳定的混合物，被分散的物质（溶质）以分子或更小的质点分散于另一物质（溶剂）中。溶液浓度表示在一定量溶液（或溶剂）中所含溶质的量。同一浓度的溶液，如果使用的单位不同，则浓度的数值就不同。溶液浓度的表示方法有许多种，如物质的量浓度、质量分数、质量浓度、体积分数、比例浓度等。

（一）物质的量浓度

物质的量浓度定义为溶液中溶质 B 的物质的量除以混合物的体积，简称浓度，用符号 c_B，单位为 mol/L，即

$$c_B=\frac{n_B}{V}$$

式中，c_B——溶质的物质的量浓度，mol/L；

n_B——溶质的物质的量，mol；

V——溶液的体积，L。

例如，1L 溶液中含蔗糖 1mol，则该溶液中蔗糖的物质的量浓度就是 1mol/L。又如，1mol 的 NaCl 的质量是 58.5g，把 58.5g NaCl 溶解于适量的水制成 1L 溶液，则该溶液中 NaCl 的物质的量浓度就是 1mol/L。

但是，将 58.5g NaCl 溶于 1L 水中，此溶液的物质的量浓度不为 1mol/L。因为在物质的量浓度的表达式里，用的是溶液的体积而不是溶剂的体积。

（二）质量分数

质量分数是指溶质质量（m_B）与溶液的质量（m）之比（溶质 B 的质量占溶液质量的分数），也指化合物中某种物质质量占总质量的百分比。质量分数也可以指化合物中各原子原子量（须乘系数）与总式量的比值，即某元素在某物质中所占比例。用符号 ω 表示，即

$$\omega_B = \frac{m_B}{m}$$

式中，ω_B——溶质的质量分数；

m_B——溶质的质量，g；

m——溶液的质量，g。

【例 1-1】 预配制 40% NaOH 溶液 500g，如何配制？

解：

$$m_{NaOH} = (500 \times 40\%)\ g = 200g$$
$$m_{水} = (500 - 200)\ g = 300g$$

配法：称取 NaOH 固体 200g，加蒸馏水 300g。若水的密度是 1g/mL，可加水 300mL，混匀。

（三）质量浓度

单位体积混合物中某组分的质量称为该组分的质量浓度，用符号 ρ 表示，常用单位是 g/L，即

$$\rho_n = \frac{m_n}{V}$$

式中，ρ_n——溶质的质量浓度，g/L；

m_n——溶质的质量，g；

V——溶液的体积，L。

【例 1-2】 预配制 20g/L $Na_2S_2O_3$ 溶液 200mL，如何配制？

解：

$$\rho = \frac{m_{Na_2S_2O_3}}{V}$$

$$m_{Na_2S_2O_3} = \rho V = \left(20 \times \frac{200}{1000}\right) g = 4g$$

配法：称取 $Na_2S_2O_3$ 固体 4g，加蒸馏水稀释至 200mL，混匀。

（四）体积分数

体积分数指在某温度和压力下，纯物质 B 的体积 V_B 除以混合物中各组分纯物质的体积之和 V，用符号 φ_B 表示，即

$$\varphi_B = \frac{V_B}{V}$$

将液体试剂稀释时，多采用这种浓度表示，$\varphi_{C_2H_{50}H} = 0.75$，也可以写成 $\varphi_{C_2H_{50}H} = 75\%$。

【例 1-3】 预配制 $\varphi_{C_2H_{50}H}$ 为 75%的乙醇溶液 100mL，如何配制？

解：

$$V_{C_2H_{50}H}=75\%\times100mL=75mL$$

配法：量取无水乙醇 75mL，加水稀释至 100mL，混匀。

（五）比例浓度

比例浓度是实验室里常用的粗略表示溶液（或混合物）浓度的一种方法，包括体积比浓度和质量比浓度两种浓度表示方法。

用两种液体配制溶液时，为了操作方便，有时用两种溶液的体积比（V_1+V_2）表示浓度，称为体积比浓度，如（1+3）HCl 溶液，表示 1 体积浓 HCl 与 3 体积蒸馏水配制而成的溶液。有的国家标准中也写成（1∶3）HCl 溶液，意义完全相同。

质量比浓度（m_1+m_2），是指两种固体试剂相互混合的表示方法，如（1+100）Ca-NaCl 混合指示剂，表示 1 个单位质量的 Ca 指示剂与 100 个单位质量的 NaCl 相互混合，这是一种固体稀释方法。

三、关于化学反应方程式的计算

（一）物质的量应用于化学方程式的计算

物质是由原子、分子或离子等粒子组成的，物质之间的化学反应也是这些粒子按一定的数目关系进行的。化学方程式可以明确地表示出化学反应中这些粒子数之间的关系。这些粒子之间的数目关系，就是化学计量数（v）的关系，如

	$2H_2$	+	O_2	$\xlongequal{点燃}$	$2H_2O$
化学计量数 v 之比	2	∶	1	∶	2
扩大 6.02×10^{23} 倍	$2\times6.02\times10^{23}$	∶	$1\times6.02\times10^{23}$	∶	$2\times6.02\times10^{23}$
物质的量之比	2mol	∶	1mol	∶	2mol

从上例可以看出，方程式中各物质的化学计量数之比，等于参加反应的各物质的粒子数之比，因而也等于各物质的物质的量之比。这给化学计算带来很大的方便。

由于化学方程式可以表示各物质之间的物质的量之比，所以允许出现非整数。例如，

$$H_2(g)+1/2O_2(g)=H_2O(g)+241.8kJ$$

（二）化学反应中的能量变化

化学反应都有新物质产生，同时还伴随着能量变化。人们利用化学反应，有时是为了制取所需要的物质，有时却是为了利用化学反应所释放的能量。例如，人们利用氢氧焰来焊接金属，主要是利用 H_2 和 O_2 化合时所放出的能量。化学反应中的能量变化，通常表现为热量的变化。化学上把放出热量的化学反应称为放热反应。例如，C、天然气等在 O_2 中的燃烧。化学上把吸收热量的化学反应称为吸热反应。例如，$KClO_4$、$CaCO_3$ 的分解反应，灼热的 C 与 CO_2 的反应也是吸热反应。化学反应所释放的能量是当今世界上重要的能源之一。在化工生产中，为保证正常、安全的生产，也需要掌握化学反应中的能量变化情况。在化学

反应过程中放出或吸收的热量，通常称为反应热，用符号ΔH表示，单位一般采用kJ/mol。对于放热反应，由于反应后放出热量而使反应本身的能量降低，因此，规定放热反应的ΔH为“－”。反之，对于吸热反应，由于反应通过加热、光照等吸收能量而使反应本身的能量升高，因此，规定吸热反应的ΔH为“＋”。许多化学反应的反应热，可以直接测量，其测量仪器称为量热计。实验测得，1molC在O_2中燃烧成为CO_2，放出393.5kJ的热量。

$$C（石墨）+O_2(g) = CO_2(g);\ \Delta H = -393.5\text{kJ/mol}$$

当1mol水蒸气与灼热的C接触时，发生的是吸热反应。

$$C（石墨）+H_2O(g) = CO(g)+H_2(g);\ \Delta H = +131.3\text{kJ/mol}$$

这种表明反应时放出或吸收热量的化学方程式称为热化学方程式。

在化学反应中，吸收或放出热量的多少与反应物和生成物的聚集状态、测定时的温度及压力有关。所以，在热化学方程式中应注明各物质的状态和测定时的温度和压力。如果是在101kPa和25℃时的数据，可不指明测定条件，但需注明ΔH的正负。

例如，在25℃、101kPa下，1molH_2和1/2molO_2化合生成1molH_2O时放出的热量为241.8kJ，生成1mol液态水时放出的热量为285.8kJ，其热化学方程式分别为

$$H_2(g)+1/2O_2(g) = H_2O(g);\ \Delta H = -241.8\text{kJ/mol}$$

$$H_2(g)+1/2O_2(g) = H_2O(l);\ \Delta H = -285.8\text{kJ/mol}$$

此外，热化学方程式各物质前的化学计量数只表示物质的量，而不代表分子个数，因此，它可以是整数，也可以是分数。对于相同物质的反应，当化学计量数不同时，其ΔH也不同。例如：

$$H_2(g)+Cl_2(g) = 2HCl(g);\ \Delta H = -184.6\text{kJ/mol}$$

$$1/2H_2(g)+1/2Cl_2(g) = HCl(g);\ \Delta H = -92.3\text{kJ/mol}$$

显然，对于上述相同物质的反应，前者的ΔH是后者的2倍。

应用热化学方程式可以计算化学反应过程中热量的变化情况，从而更好地利用能量。

（三）溶液浓度的相关计算

对一定物质的量浓度的溶液进行稀释和浓缩时，稀释和浓缩前、后溶质的物质的量始终不变。

$$稀释前浓度\times稀释前体积=稀释后浓度\times稀释后体积$$

即

$$c_1\times V_1 = c_2\times V_2$$

如要配制2mol/L HCl溶液500mL，需要取用12mol/L HCl溶液多少？

$$c_1\times V_1 = c_2\times V_2$$

$$12\text{mol/L}\times V_1 = 2\text{mol/L}\times 500\text{mL}$$

$$V_1 \approx 83.33\text{mL}$$

溶液浓度计算过程时经常用到下式：

$$c=\frac{1000\times\rho\times\omega}{M}$$

式中，c——物质的量浓度，mol/L；

ρ——溶液的密度，g/mL；

ω——溶液的质量分数；

M——物质的摩尔质量，g/mol。

如分析纯的浓 H_2SO_4 中溶质 H_2SO_4 的质量分数是 98%，密度为 1.84g/mL，计算该 H_2SO_4 的物质的量浓度。

根据 $c=\dfrac{1000\times\rho\times\omega}{M}$，代入数据，得

$$c=\frac{1\,000\times1.84\times98\%}{98}$$
$$=18.4(\text{mol/L})$$

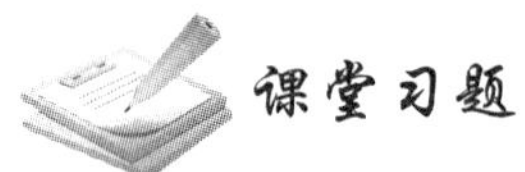

一、填空题

（1）已知 KOH 的摩尔质量为 56g/mol，要配制 0.1mol/L KOH 标准溶液 0.1L，所需 KOH________g。

（2）物质的量浓度是指 1L 溶液中含该溶质的________数。

二、计算题

（1）配制 c_{NaOH} 为 0.5mol/L 溶液 500mL，需取 NaOH 多少克？

（2）已知：浓 HCl 的密度是 1.18g/mL，质量分数是 36%，如何配制 1 000mL 0.5moL/L 的 HCl 溶液？

知识点四　滴定分析

一、滴定分析法的过程、分类和特点

滴定分析

（一）滴定分析法的过程

滴定分析法是分析化学中的重要分析方法之一。它是将一种已知准确浓度的试剂溶液滴加到待测物质的溶液中，直到化学反应完全时终止，然后依据所用试剂溶液的浓度和消耗的体积，利用化学反应的计量关系求出被测组分的含量，故称为滴定分析法，又称容量分析法。在利用滴定分析法进行定量分析时，所使用的已知浓度的试剂称为标准溶液或者滴定剂。将被测物质的溶液置于一定容器中，并加入少许适量的指示剂，标准溶液从滴定管加到被测物质溶液中的操作过程称为滴定。

当滴入的标准溶液与被测物质定量且完全反应时，反应达到了化学计量点。计量点一般根据指示剂的变色来判断。滴定过程中，指示剂恰好发生颜色变化的转折点称为滴定终点。滴定终点与化学计量点不一定恰好符合，由此造成的分析误差称为终点误差。终点误差是滴定分析误差的主要来源之一。它的大小取决于化学反应的完全程度和指示剂的选择及其用量是否恰当。因此，必须选择适当的指示剂才能使滴定终点尽量地接近

化学计量点，以减小分析误差。

（二）滴定分析法的分类

根据分析过程所利用的反应不同，滴定分析法可分为四类。

1. 酸碱滴定法（或称中和滴定法）

酸碱滴定法是利用酸、碱之间质子传递反应的滴定方法，也称为中和滴定法。该方法主要用于酸、碱的测定，如 $NaOH+HCl = NaCl+H_2O$，可用酸作标准溶液测定碱及碱性物质，也可用碱作标准溶液测定酸及酸性物质。

2. 氧化还原滴定法

氧化还原滴定法是以溶液中氧化剂和还原剂之间的电子转移为基础的一种滴定分析方法，可以测定各种氧化性和还原性物质的含量，以及一些能与氧化剂或还原剂起定量反应的物质的含量。例如，用 $KMnO_4$ 标准溶液测定 H_2O_2 的含量，在酸性条件下其反应式为

$$2MnO_4^- + 5H_2O_2 + 6H^+ = 2Mn^{2+} + 5O_2\uparrow + 8H_2O$$

3. 络合滴定法

络合滴定法是以络合（形成配合物）反应为基础的滴定分析方法，又称配位滴定法。络合反应广泛地应用于分析化学的各种分离与测定中，如许多显色剂、萃取剂、沉淀剂、掩蔽剂等都是络合剂。常用乙二胺四乙酸（EDTA）的钠盐作标准溶液，测定各种金属离子的含量。其反应式为

$$M^{n+} + Y^{4-} = MY^{n-4}$$

式中，M^{n+}——金属离子；

Y^{4-}——EDTA 的阴离子。

4. 沉淀滴定法（或称重量沉淀法）

沉淀滴定法是利用沉淀反应进行容量分析的方法。根据滴定分析对化学反应的要求，适合作为滴定用的沉淀反应必须满足以下要求。

（1）反应速率快，生成沉淀的溶解度小。

（2）反应按一定的化学式定量进行。

（3）有准确确定化学计量点的方法。

由于上述条件的限制，能用于沉淀滴定法的反应比较少，目前应用最多的是生成难溶银盐的反应，称为银量法，多用于卤素测定。例如：

$$Ag^- + Cl^- = AgCl\downarrow \text{（白）}$$

这些方法具有不同的特点和局限性，同一物质可能有多种不同的分析方法。因此，首先应对试样的组成及被测组分的性质、含量和分析结果准确度的要求等方面进行分析，然后选用适当的分析方法。

（三）滴定分析法的特点

滴定分析法作为定量分析中的一种重要分析方法，在分析化学和科学研究上广泛应用。该方法具有以下特点。

（1）加入标准溶液物质的量与被测物质的量恰好是化学计量关系。

（2）滴定分析通常用于测定常量组分（≥1%），在适当条件下，有时也可以测定微量组分。

（3）具有快速、准确、仪器设备简单、操作简便、用途广泛的特点，可以适用于多种化学反应类型的分析测定。

（4）分析结果的准确度比较高，一般情况下滴定误差要求以不确定度表示，≤±0.2%。

二、滴定分析法对化学反应的要求

在基础化学中，我们学习了很多有关酸碱、氧化还原、络合、沉淀等的化学反应，但并不都能应用于滴定分析，适于滴定分析的化学反应要满足以下条件。

（1）反应必须定量进行，无副反应发生，反应程度要在99.9%以上。

（2）反应速率要快，要求在瞬间完成，对于速率较慢的反应，有时通过加热或加入催化剂等方法加快反应速率。

（3）能找到适当的方法来确定反应的计量点（或滴定终点）。如通过加入的指示剂变色或者采用物理、化学的方法来确定。

（4）反应不应受共存物质的干扰。在滴定条件下，共存物质不与滴定剂作用，或者采用适当的方法消除其干扰。

三、滴定分析法的分析方式

按反应类型不同，滴定分析法的滴定方式有四种。

（一）直接滴定法

用标准溶液直接滴定被测物质的方法称为直接滴定法，这是滴定分析法中最常用的滴定方法。只有完全满足滴定分析对化学反应要求的滴定反应才能用此滴定方式。

例如，用标准溶液HCl滴定NaOH溶液的酸碱中和滴定法；以$KMnO_4$标准溶液滴定Fe^{2+}的氧化还原滴定法，都属于直接滴定法，化学反应式为

$$HCl + NaOH = NaCl + H_2O$$

$$MnO_4^- + 5Fe^{2+} + 8H^+ = Mn^{2+} + 5Fe^{3+} + 4H_2O$$

（二）返滴定法

在试样溶液中加入过量的标准溶液与组分反应，再用另一种标准溶液滴定过量部分，从而求出组分含量的滴定方式称为返滴定法。

返滴定法主要用于下列情况。

（1）采用直接滴定法缺乏符合要求的指示剂，或者被测物质对指示剂有封闭作用时，如在酸性溶液中$AgNO_3$滴定Cl^-缺乏合适的指示剂。

（2）被测物质与滴定剂反应速率太慢，如Al^{3+}与EDTA的反应，被测物质有水解作用时。

（3）用滴定剂直接滴定固体试样时，反应不能立即完成，如HCl滴定固体$CaCO_3$。

返滴定法就是先准确地加入一定量过量的标准溶液，使其与试液中的被测物质或固体试样进行反应，待反应完成后，再用另一种标准溶液滴定剩余的标准溶液。

例如，对于上述 Al^{3+} 的滴定，先加入已知过量的 EDTA 标准溶液，待 Al^{3+} 与 EDTA 反应完成后，剩余的 EDTA 则利用标准 Zn^{2+}、Pb^{2+} 或 Cu^{2+} 溶液返滴定；对于固体 $CaCO_3$ 的滴定，先加入已知过量的 HCl 标准溶液，待反应完成后，可用标准 NaOH 溶液返滴定剩余的 HCl；对于酸性溶液中 Cl^- 的滴定，可先加入已知过量的 $AgNO_3$ 标准溶液使 Cl^- 沉淀完全后，再以三价铁盐作指示剂，用硫氰酸铵（NH_4SCN）标准溶液返滴定过量的 Ag^+，出现 $[Fe(SCN)]^{2+}$ 淡红色即为终点。

（三）置换滴定法

对于伴有副反应的化学反应不能按确定的反应式化学计量完成，或者易受空气影响不能直接滴定的物质，可以将被测物质与另一种试剂起反应，置换出能用标准溶液滴定的物质，然后用标准溶液以可行的直接滴定法或返滴定法滴定其生成物，这种滴定方式称为置换滴定法。

例如，$Na_2S_2O_3$ 不能用来直接滴定 $K_2Cr_2O_7$ 及其他强氧化剂，因为在酸性溶液中强氧化剂能将 $S_2O_3^{2-}$ 氧化成 $S_4O_6^{2-}$ 及 SO_4^{2-} 等混合物，反应没有定量关系。但是，$Na_2S_2O_3$ 却是一种良好的滴定 I_2 的滴定剂，如果在 $K_2Cr_2O_7$ 的酸性溶液中加入过量 KI，用 $K_2Cr_2O_7$ 置换出一定量的 I_2，然后用 $Na_2S_2O_3$ 标准溶液直接滴定碘。这种滴定方法常用于 $K_2Cr_2O_7$ 标定 $Na_2S_2O_3$ 标准溶液的浓度。其反应式为

$$Cr_2O_7^{2-}+6I^-+14H^+ = 2Cr^{3+}+3I_2+7H_2O$$

$$I_2+2S_2O_3^{2-} = S_4O_6^{2-}+2I^-$$

（四）间接滴定法

有时待测物质不能与滴定剂直接反应，但可以通过另外的化学反应间接进行测定。例如，$KMnO_4$ 法测定 Ca^{2+} 就属于间接滴定法。由于 Ca^{2+} 在溶液中没有可变价态，所以不能直接用氧化还原法滴定。测定溶液中 Ca^{2+} 的含量，可将 Ca^{2+} 完全沉淀为 CaC_2O_4 后，经过滤、洗涤、纯化的 CaC_2O_4 用 H_2SO_4 溶解，再用 $KMnO_4$ 标准溶液滴定与 Ca^{2+} 结合的 $C_2O_4^{2-}$，从而间接测定 Ca^{2+} 的含量。

$$Ca^{2+}+C_2O_4^{2-} = CaC_2O_4\downarrow$$

$$CaC_2O_4+H_2SO_4 = CaSO_4+H_2C_2O_4$$

$$2MnO_4^-+5C_2O_4^{2-}+16H^+ = 2Mn^{2+}+10CO_2\uparrow+8H_2O$$

综上所述，由于有多种滴定方式可供选择，因此扩大了滴定分析法的应用范围。

课堂习题

选择题

（1）按被测组分含量来分，滴定分析方式常用来测定常量组分，常量组分是指含量为（　　）的组分。

A．≤0.1%　　　　B．≥0.1%

C．≤1%　　　　D．≥1%

（2）根据分析过程所利用的反应不同滴定分析法可分为四类，其中中和滴定法又称（　　）。

A．酸碱滴定法　　　　B．氧化还原滴定法

C．络合滴定法　　　　D．沉淀滴定法

（3）用 HCl 标准溶液滴定 NaOH 溶液的方法属于（　　）。

A．返滴定法　　　　B．直接滴定法

C．置换滴定法　　　　D．间接滴定法

（4）用 $K_2Cr_2O_7$ 标定 $Na_2S_2O_3$ 的滴定方法属于（　　）。

A．返滴定法　　　　B．直接滴定法

C．置换滴定法　　　　D．间接滴定法

（5）银量法测定氯离子含量属于（　　）。

A．酸碱滴定法　　　　B．氧化还原滴定法

C．络合滴定法　　　　D．沉淀滴定法

任务四　数据分析

任务描述

（1）查阅定量分析测定误差与数据记录的相关资料，熟悉误差的相关概念及误差分类。

（2）进行误差、准确度与精密度的相关计算。

（3）理解有效数字修约规则及运算规则，能进行有效数字的修约。

（4）进行实验数据的记录、处理完成实验报告单的填写，根据不同实验设计实验报告记录单。

任务要求

（1）掌握误差的相关概念及误差分类。

（2）正确进行误差、准确度与精密度的相关计算。

（3）正确根据有效数字修约规则进行数据修约及运算。

（4）准确进行实验数据的记录及计算。

（5）根据不同实验设计实验报告记录单。

完成目的

（1）学习误差的相关概念，能在实验过程中运用所学知识进行误差分析。

（2）通过计算误差、准确度与精密度，进行实验结果分析。

（3）通过对数据的分析，团队成员能对实验结果做出及时、准确的处理。

（4）培养严谨的工作态度，对结果进行真实记录。

（5）在学与做的过程中培养团队协作精神，提高与人交流、合作的能力。

知识点一　定量分析的误差

定量分析的误差

人们在做实验分析时总是希望获得准确的分析结果，但是，即使选择最准确的分析方法、使用最精密的仪器设备，由技术熟练的人员操作，对于同一样品进行多次重复分析，所得结果也不会完全相同，不可能得到绝对准确的结果。这就表明：误差是客观存在的。

误差是测量测得的量值减去参考量值。测得的量值简称测得值，代表测量结果的量值。所谓参考量值，一般由量的真值或约定量值来表示。对于测量而言，人们往往把一个量在被观测时，其本身所具有的真实大小认为是被测量的真值。实际上，它是一个理想的概念。因为只有“当某量被完善地确定并能排除所有测量上的缺陷时，通过测量所得到的量值”才是量的真值。从测量的角度来说，难以做到这一点。因此，一般说来，真值不可能确切获知。

数学上称测定的数值或其他近似值与真值的差为误差。

误差与错误不同，错误是应该而且可以避免的，而误差是不可能绝对避免的。从实验的原理，实验所用的仪器及仪器的调整，到对物理量的每次测量，都不可避免地存在误差，并贯穿于整个实验始终。

分析检验的任务是准确测定试样中组分的含量，所以必须使分析结果具有一定的准确度。不准确的分析结果会导致资源的浪费，甚至科学上得出错误的结论，以及生产上受到损失。在分析检验中，由于受到分析方法、仪器、试剂和人的主观条件等方面的限制，测得的结果不可能和真实含量完全一致。一位很熟练的检验工作者，对同一样品进行多次测定，结果也不会完全一致。所以，在进行样品分析时，不仅要得到被测组分的含量，而且必须对分析结果进行评价，分析测定结果的准确性，检查误差的来源，采取有效的措施使分析结果达到较高的准确度。

一、误差分类

测量时，由于各种因素会造成少许的误差，这些因素必须去了解，并有效地解决，方可使整个测量过程中误差减至最小。根据误差产生的原因和性质将误差分为系统误差和偶然误差。

1. 系统误差

系统误差又称可测误差，是分析过程中某些固定的原因引起的一类误差。它具有重复性、单向性、可测性，即在相同条件下，数值的正负、大小都有一定的规律性，当重复进行实验分析时会重复出现。若找出原因，则可设法将其减少到可忽略的程度。

1）来源

（1）仪器误差，是由于仪器本身的缺陷或没有按规定条件使用仪器而造成的，如仪器的零点不准，仪器未调整好，外界环境（光线、温度、相对湿度、电磁场等）对测量仪器的影响等所产生的误差。

（2）理论误差（方法误差），是由于测量所依据的理论公式本身的近似性，或实验条件不能达到理论公式所规定的要求，或者是实验方法本身不完善所带来的误差。如重量分析法中，沉淀溶解、共沉淀现象、灼烧时沉淀的分解或挥发等因素，都会导致分析结果偏高或偏低。

（3）操作误差，是由操作人员掌握分析操作的条件不成熟、个人观察器官不敏锐和固有的习惯造成的，它因人而异，并与实验人员当时的精神状态有关。例如，实验人员在称取试样时未注意防止试样吸湿；洗涤沉淀时洗涤过分或不充分；灼烧沉淀时温度过高或过低；称量沉淀时坩埚及沉淀未完全冷却；在滴定分析中对滴定终点的颜色判断不准确。

（4）试剂误差，指由于所用蒸馏水含有杂质或所使用的试剂不纯引起的测定结果与实际结果之间的偏差。

系统误差的出现是必然的，但可以用各种办法加以校正，使系统误差近乎消除。需要注意的是，系统误差总是使测量结果偏向一边，或者偏大，或者偏小，因此，多次测量求平均值并不能消除系统误差。

电脑在进行数据处理的过程中，也会有误差，如在处数据型字段的时候，由于处理位数的不一样，所得结果是有误差的，与我们计算中采用四舍五入法得出的结果类似。

2）校正方法

采用标准方法与标准样品进行对照实验；校正仪器，减小仪器误差；采用纯度高的试剂校正试剂误差；提高实验人员业务水平，减少操作误差。

2. 偶然误差

偶然误差又称随机误差和不定误差，它是由一些偶然因素引起的。例如，测定时气温、气压、湿度、仪器的微小变化等，这些不可避免的偶然因素，都能使分析结果在一定范围内波动而引起误差。这种误差是由一些不确定的因素造成的，因而它是可变的，正负大小难以预测，在分析操作中也是不可避免的。但只要进行多次测定，便会发现数据的分布符合一般的统计规律，其主要特点如下。

（1）正误差和负误差出现的概率相等。

（2）小误差出现的次数多，大误差出现的次数少，个别特别大的误差出现的次数极少。

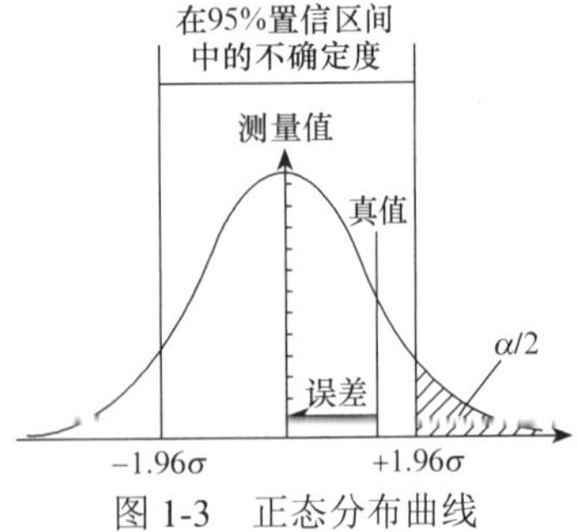

图 1-3　正态分布曲线

偶然误差的这种规律性，可用图 1-3 中的曲线（误差的正态分布曲线）表示。

由上述规律可以得出，随着测定次数的增加，多次测定结果的平均值更接近真实值。实验表明，测定的次数不多时，偶然误差随测定次数的增加而迅速减小；当测定次数多于 10 次时，误差减小到不很显著的数值。但是，从时间和经济效益考虑，次数越多，不仅费时间，而且消耗试剂多。所以，在准确度许可的范围内，应尽可能减少测定次数。

产生原因：偶然误差产生原因十分复杂，如热起伏、空气扰动、气压及相对湿度的变化、实验人员感官的生理变化等，以及它们的综合影响都可以成为产生偶然误差的因素。

为了减少偶然误差，应多次进行平行实验并取平均值。

3. 过失误差

这种误差是由操作人员的粗心大意或未按操作规程操作所造成的，可避免。

二、误差表示方法

1. 准确度和误差

准确度是指实验测得值与真实值之间相符合的程度。准确度的高低常以误差的大小来衡量。

误差是指分析结果和真实值之间的差值。因此，分析过程中的误差越小，则说明分析结果的准确度越高；反之，误差越大，准确度越低。所以，误差的大小是衡量准确度高低的尺度。

误差的表示方法有绝对误差和相对误差。

$$绝对误差=个别测定值-真实值$$

$$相对误差=\frac{个别测定值-真实值}{真实值}\times100\%=\frac{绝对误差}{真实值}\times100\%$$

显然，绝对误差越小，测定值与真实值越接近，测定结果越准确。绝对误差的大小一般常用于说明一些仪器测量的准确度。如分析天平的称量误差是±0.000 1g，常量滴定管的读数误差是±0.01mL 等。但用绝对误差的大小来衡量测定结果的准确度，有时并不十分明显，因为它没有和测定过程中所取物质的数量联系起来。

例如，在标定某 HCl 溶液的浓度时，用分析天平称取基准物 Na_2CO_3 的质量为 0.205 1g，真实质量为 0.205 0g，则

$$绝对误差=0.205\ 1g-0.205\ 0g=+0.000\ 1g$$

$$相对误差=\frac{+0.000\ 1g}{0.205\ 0g}\times100\%\approx+0.05\%$$

又如，称取某物质的质量为 2.050 1g，真实质量为 2.050 0g，则

$$绝对误差=2.050\ 1g-2.050\ 0g=+0.000\ 1g$$

$$相对误差=\frac{+0.000\ 1g}{2.050\ 0g}\times100\%\approx+0.005\%$$

从两次计算结果看，它们的绝对误差相同，均为 0.000 1g，但它们的相对误差却不一样。这说明当绝对误差相同时，被称量物质的质量越大，称量的准确度越高。所以，用相对误差来比较测得结果的准确度更精确些。

绝对误差和相对误差都有正、负之分。正值表示分析结果偏高，负值表示分析结果偏低。绝对误差与测量值的单位相同。

绝对误差和相对误差的计算都必须先知道真实值的大小，但是，在一般情况下，真实值是未知的，因此，常用偏差代替误差。

2. 精密度与偏差

精密度是指在相同条件下，对同一试样多次重复测定时，所得各次分析结果互相接近的程度。精密度通常用偏差的大小来反映。偏差越小，精密度越高，即偏差是衡量精密度高低的指标。偏差值为个别测定值与各次分析结果平均值的差。

1）绝对偏差和相对偏差

$$\text{绝对偏差 } d = \text{个别测定值 } x_i - \text{多次测定结果的平均值 } \bar{x}$$

$$\text{相对偏差} = \frac{\text{绝对偏差}}{\text{多次测定结果的平均值}} \times 100\% = \frac{d}{\bar{x}} \times 100\%$$

2）算术平均偏差和相对平均偏差

对同一试样进行多次测定，所得测定结果为 $x_1, x_2, x_3, \cdots, x_n$，那么它们的算术平均值为

$$\bar{x} = \frac{x_1 + x_2 + \cdots + x_n}{n}$$

算术平均偏差为

$$\bar{d} = \frac{|x_1 - \bar{x}| + |x_2 - \bar{x}| + \cdots + |x_n - \bar{x}|}{n}$$

$$\text{相对平均偏差} = \frac{\bar{d}}{\bar{x}} \times 100\%$$

精密度与准确度的关系：精密度是保证准确度的先决条件，只有精密度好，才能得到好的准确度。若精密度差，所测定结果不可靠，就失去了衡量准确度的前提。提高精密度不一定能保证高的准确度，有时还需进行系统误差的校正，才能得到高的准确度。

例如，表 1-7 列出甲、乙、丙、丁 4 人分析同一试样所得铁含量的结果。

表 1-7　甲、乙、丙、丁分析同一试样所得铁含量的结果

分析人员	分析次数				平均值	平均偏差	真实值	差值
	1	2	3	4				
甲	37.38	37.42	37.47	37.50	37.44	0.036	37.40	+0.04
乙	37.21	37.25	37.28	37.32	37.27	0.035	37.40	−0.13
丙	36.10	36.40	36.50	36.64	36.41	0.160	37.40	−0.99
丁	36.70	37.10	37.50	37.90	37.30	0.400	37.40	−0.10

由表 1-7 看出，甲所得结果的准确度和精密度均好，结果可靠。乙的精密度虽好，但准确度不太好。丙的精密度与准确度均差。丁的平均值虽接近真实值，但几个数据分散性大，精密度太差，仅是由于大的正负误差相互抵消才使结果接近真实值。

3）标准偏差

在数理统计中常用标准偏差来衡量精密度。

总体标准偏差用来表达测定数据的分散程度，其数学表达式为

$$\text{总体标准偏差 } \sigma = \sqrt{\frac{\sum_{i=1}^{n}(x_i - \mu)^2}{n}}$$

一般测定次数有限，μ 值未知，只能用样本标准偏差来表示精密度，其数学表达式（贝塞尔公式）为

$$样本标准偏差\ s=\sqrt{\frac{\sum_{i=1}^{n}(x_i-\overline{x})^2}{n-1}}$$

上式中（$n-1$）在统计学中称为自由度，意思是在 n 次测定中，只有（$n-1$）个独立可变的偏差，因为 n 个绝对偏差之和等于零，所以，只要知道（$n-1$）个绝对偏差就可以确定第 n 个的偏差值。

标准偏差在平均值中所占的百分率称为相对标准偏差，也称变异系数或变动系数（CV）。其计算公式为

$$\text{CV}=\frac{s}{\overline{x}}\times 100\%$$

用标准偏差表示精密度比用算术平均偏差表示要好。因为单次测定值的偏差经平方以后，较大的偏差就能显著地反映出来。所以，在生产和科研的分析报告中常用 CV 表示精密度。

4）极差

一般分析中，平行测定次数不多，常采用极差（R）来说明偏差的范围，极差也称全距。

$$R=测定最大值-测定最小值$$

$$相对极差=\frac{R}{\overline{x}}\times 100\%$$

三、提高分析结果准确度的方法

要提高分析结果的准确度，必须考虑分析工作中可能产生的各种误差，采取有效的措施，将这些误差减小到最小。

1. 选择合适的分析方法

各种分析方法的准确度是不相同的。化学分析法对高含量组分的测定，能获得准确和较满意的结果，相对误差一般在千分之几。而对低含量组分的测定，化学分析法就达不到这个要求。仪器分析法虽然误差较大，但是由于灵敏度高，可以测出低含量组分。在选择分析方法时，主要根据组分含量及对准确度的要求，在可能的条件下选择最佳的分析方法。

2. 增加平行测定的次数

增加平行测定的次数可以减少偶然误差。在一般的分析测定中，测定次数为 3～5 次。若无意外误差发生，基本上可以得到比较准确的分析结果。

3. 减小测量误差

尽管天平和滴定管校正过，但在使用中仍会引入一定的误差。如使用分析天平称取一份试样，会引入±0.000 2g 的绝对误差；使用滴定管完成一次滴定，会引入±0.02mL 的绝对误差。为了使测量的相对误差小于 0.1%，则试样的最低称样量应为

$$试样质量=\frac{绝对误差}{相对误差}=\frac{0.0002}{0.001}\text{g}=0.2\text{g}$$

滴定剂的最少消耗体积为

$$V=\frac{\text{绝对误差}}{\text{相对误差}}=\frac{0.02}{0.001}\text{mL}=20\text{mL}$$

4. 消除测定中的系统误差

消除系统误差可以采取以下措施。

（1）空白实验。由试剂和器皿引入的杂质所造成的系统误差，一般可通过空白实验来加以校正。空白实验是指在不加试样的情况下，按试样分析规程在同样的操作条件下进行的测定，所得结果称为空白值。从试样的测定值中扣除空白值，就得到比较准确的分析结果。

（2）校正仪器。分析测定中，具有准确体积和质量的仪器，如滴定管、移液管、容量瓶和分析天平砝码，都应进行校正，以消除仪器不准所引起的系统误差。因为这些测量数据都是要参加分析结果计算的。

（3）对照实验。常用的对照实验有三种。

① 用组成与待测试样相近、已知准确含量的标准样品，按所选方法测定，将对照实验的测定结果与标准样品的已知含量相比，其比值即称为校正系数。

$$\text{校正系数}=\frac{\text{标准试样组分的标准含量}}{\text{标准试样测定的含量}}$$

则试样中待测试样组分含量的计算式为

$$\text{待测试样组分含量}=\text{测得含量}\times\text{校正系数}$$

② 用标准方法与所选用的方法测定同一试样，若测定结果符合公差要求，则说明所选方法可靠。

③ 用加标回收率的方法检验，即取 2 等份试样，在一份中加入一定量待测组分的纯物质，用相同的方法进行测定，计算测定结果和加入纯物质的回收率，以检验分析方法的可靠性。

课堂习题

选择题

（1）下列叙述错误的是（　　）。

A．方法误差属于系统误差　　B．系统误差包括操作误差

C．系统误差又称可测误差　　D．系统误差呈正态分布

（2）在分析中做空白实验的目的是（　　）。

A．提高精密度，消除系统误差　　B．提高精密度，消除偶然误差

C．提高准确度，消除系统误差　　D．提高准确度，消除偶然误差

（3）测定精密度好，表示（　　）。

A．系统误差小　　B．偶然误差小　　C．相对误差小　　D．标准偏差小

（4）定量分析中，精密度与准确度之间的关系是（　　）。

A．精密度高，准确度必然高　　B．精密度是保证准确度的前提

C．准确度高，精密度也就高　　D．准确度是保证精密度的前提

（5）下列各项定义中错误的是（　　）。

A．绝对误差是测定值和真值之差

B．相对误差是绝对误差在真值中所占的百分率

C．偏差是指测定值与平均值之差

D．总体平均值就是真值

（6）下列方法中（　　）可用来减免分析测试中的系统误差。

A．进行仪器校正　　B．增加测定次数

C．认真细心操作　　D．测定时保证环境的相对湿度一致

（7）偶然误差具有（　　）。

A．可测性　　B．重复性　　C．非单向性　　D．可校正性

（8）下列方法中（　　）可以减小分析测试中的偶然误差。

A．对照实验　　B．空白实验

C．仪器校正　　D．增加平行实验的次数

（9）在进行样品称量时，汽车经过天平室附近引起天平振动属于（　　）。

A．系统误差　　B．偶然误差　　C．过失误差　　D．操作误差

（10）下列情况不属于系统误差的是（　　）。

A．滴定管未经校正　　B．所用试剂中含有干扰离子

C．天平两臂不等长　　D．砝码读错

知识点二　有效数字及其运算规则

一、有效数字

有效数字及其运算

有效数字是指在分析工作中实际能测量到的数字，即所有的确定数字再加一位不确定数字。例如，在分析天平上称得某物质的质量为0.307 1g，其中小数点后的前3位是确定的数字，而第四位是估读的，为可疑数字。这些数字均与数学中的“数”不同，数学中的“数”只能表示量度的近似值，而有效数字不仅能表明数量大小，还能反映测定的准确度及仪器性能。例如，用分析天平称得某一样品的质量为21.260 0g，表明是用分度为0.000 1g的分析天平称量的，为6位有效数字。如将这个数字写成21.260g，就会认为是用分度为0.001g的天平称量的，并且将相对误差增大了10倍，有5位有效数字。又如，要取用10.00mL某溶液，必须用吸量管准确吸取，而不能用量筒量取，因为量筒误差为±1mL，而吸量管可准确到0.01mL。所以，在数据的记录、计算和报告时，要注意有效数字，不能在小数后随意增加或减少位数。

记录的检测数据只保留1位可疑数字。在报告中，只能报告到可疑的那位数，不能列出后面无意义的数字。例如，一般滴定管可准确读到小数点后第一位数字，而第二位小数是估读值，只能读到小数点后第二位，之后的数字无意义。

二、数值修约规则

从一个数的左边第一个非 0 数字起，到末位数字止，所有的数字都是这个数的有效数字。如 0.010 9，前面两个 0 不是有效数字，后面的 109 均为有效数字（注意，中间的 0 也算）。3.109×10^5 中 3 109 均为有效数字，后面的 10^5 不是有效数字。对数的有效数字为小数点后全部数字，如 $\lg x=1.23$ 有效数字为 2、3，$\lg a=2.045$ 有效数字为 0、4、5，pH＝2.35 有效数字为 3、5。

在数据处理中，常遇到一些准确度不相等的数值，此时按“四舍六入五留双”规则对数值进行修约，具体运用如下。

（1）在拟舍弃的数字中，若左边第一个数字小于 5（不含 5），则舍去。

例如，将 18.242 3 修约到保留 1 位小数。

修约前	修约后
18.242 3	18.2

（2）在拟舍弃的数字中，若左边第一个数字大于 5（不含 5），则进 1。

例如，将 16.472 3 修约到保留 1 位小数。

修约前	修约后
16.472 3	16.5

（3）在拟舍弃的数字中，若左边第一个数字等于 5，其右边的数字并非全部为零，则进 1。

例如，将 2.750 1 修约到保留 1 位小数。

修约前	修约后
2.750 1	2.8

（4）在拟舍弃的数字中，若左边第一个数字等于 5，其右边数字皆为零，所拟保留的末位数字若为奇数则进 1，若为偶数（含 0）则不进。

例如，将下列数字修约到只保留 1 位小数。

修约前	修约后
1.550 0	1.6
1.650 0	1.6
2.050 0	2.0

（5）所拟舍弃的数字，若为 2 位以上数字，不得连续进行多次修约，应根据所拟舍弃数字中左边第一个数字的大小，按上述规定一次修约出结果。

例如，将 25.454 6 修约成整数。

正确修约

修约前	修约后
25.454 6	25

不正确的修约

修约前	一次修约	二次修约	三次修约	四次修约（结果）
25.454 6	25.455	25.46	25.5	26

三、有效数字的运算

在进行分析结果的计算时，必须遵守有效数字运算规则，保留有效位数，才能使计算结果准确、可靠。

1. 加减法则

几个数据相加、减时，以小数点后位数最少的数据为准，其他数据修约至与其相同，再进行加减计算，最终结算结果保留最少的位数。

例如，将 0.089 8、18.82、6.000 0 三个数相加。

正确算法	错误算法	错误原因
0.09	0.089 8	0.089 8→ 可疑
18.82	18.82	18.82→ 可疑
＋ 6.00	＋ 6.000 0	＋ 6.000 0→ 可疑
24.91	24.909 8	24.909 8

在这三个数据中，18.82 的“2”是可疑数字，再把小数点后第二位以后的数字加在一起，也没有意义。正确的算法是在加、减前，根据所加减数字中小数点后位数最小的数 18.82，以小数点后 2 位为界，将小数点后第二位以后数字，按数字舍去规则舍去，再加减。

2. 乘除法则

几个数相乘、除时，以有效数字最少的数据为基准，其他数据修约至相同，再进行乘除运算，计算结果仍保留最少的有效数字。

例如，求 38.18、1.705 4 和 0.023 1 之积。

正确算法为：38.2×1.71×0.023 1＝1.51

注意：在计算时首先找出三个数中有效数字最少的 0.023 1，此数仅有 3 位有效数字，以此为标准，确定其他数字的位数，然后再相乘。

错误的算法为：38.18×1.705 4×0.023 1＝1.504 091 173

在运算中，各数值计算有效数字位数时，当第一位有效数字≥8 时，因为与多一个数量级的数相差不大，有效数字位数可以多计 1 位。例如，8.32 是 3 位有效数字，在运算中可以作 4 位有效数字看待。

四、使用有效数字的注意事项

（1）记录测量所得数据时，只允许保留 1 位可疑数字（当用 25mL 无分度移液管移取溶液时，应记录为 25.00mL）。

（2）有效数字的位数反映了测量的相对误差（如称量某试剂的质量是 0.518 0g，表示该试剂的质量是 0.518 0±0.000 1，其相对误差为 0.02%；如果少取 1 位有效数字，表示该试剂的质量是 0.518±0.001，其相对误差为 0.2%）。

（3）有效数字的位数与量的使用单位无关（如称得某物的质量是 12g，2 位有效数字，若以 mg 为单位，应记为 1.2×10^4mg，而不应记为 12 000mg）。

（4）数字前的零不是有效数字（0.025），起定位作用；数字后的零都是有效数字（120、0.500 0）。

选择题

（1）分析工作中实际能够测量到的数字称为（　　）。

A．精密数字　　B．准确数字　　C．可靠数字　　D．有效数字

（2）下面数值中，有效数字为4位的是（　　）。

A．ω=25.30%　　B．pH值为11.50　　C．π=3.141　　D．0.002 5

（3）按有效数字运算规则，$0.854\times2.187+9.6\times10^{-5}-0.032\ 6\times0.008\ 14=$（　　）。

A．1.9　　B．1.87　　C．1.868　　D．1.868 0

（4）算式（30.582−7.44）+（1.6−0.526 3）中，绝对误差最大的数据是（　　）。

A．30.582　　B．7.44　　C．1.6　　D．0.526 3

（5）1.34×10^{-3}中的有效数字是（　　）位。

A．6　　B．5　　C．3　　D．8

（6）pH值为2.0中的有效数字为（　　）位。

A．1　　B．2　　C．3　　D．4

（7）pH值为5.26中的有效数字是（　　）位。

A．0　　B．2　　C．3　　D．4

（8）某标准滴定溶液的浓度为0.501 0moL/L，它的有效数字是（　　）位。

A．5　　B．4　　C．3　　D．2

（9）由计算器计算$9.25\times0.213\ 34\div(1.200\times100)$的结果为0.016 444 9，按有效数字规则将结果修约为（　　）。

A．0.016 445　　B．0.016 45　　C．0.016 44　　D．0.016 4

（10）将1 245修约为3位有效数字，正确的是（　　）。

A．1 240　　B．1 250　　C．1.24×10^{3}　　D．1.25×10^{3}

知识点三　实验数据记录

一、实验数据记录要求

实验数据记录

学生应有专门的实验记录本，标上页码，不得撕去任何一页。不得将数据记录在单页纸上或小纸片上，或随意记录在其他任何地方。

实验过程中要及时地将所发生的现象、结果、主要操作（含仪器、试剂）、测量数据清楚、准确地记录下来。切忌掺杂个人主观因素，绝不能拼凑和伪造数据。记录测量数据时，应注意有效数字的保留。用分析天平称量时，应记录至0.000 1g，滴定管和吸量管的读数记录至0.01mL。总之，要记录所用测量仪器最小刻度的下一位。

实验记录中的每一个数据，都是测量的结果。因此，重复观测时，即使数据完全相

同，也应记录下来。进行记录时，文字和数据都应清楚、整洁。原始测量数据的记录通常用列表法，这样既简明又清楚。在实验过程中如发现数据记录或计算有错误，不得涂改，应将其用线划去，在旁边重新写上正确的数字。

二、分析结果的判断

在定量分析工作中，我们经常做多次的重复测定，然后求出平均值。但是多次分析的数据是否都能参加平均值的计算，这是需要判断的。如果在消除了系统误差后，所测得的数据出现显著的极大值或极小值，这样的数据是值得怀疑的。我们称这样的数据为可疑值，对可疑值应做如下判断：在分析实验过程中，已然知道某测量值是由操作过程中的过失所造成的，应立即将此数据弃去；如找不出可疑值出现的原因，可疑值不应随意弃去或保留，而应按照 4 乘平均偏差法或者 Q 检验法来取舍。

简答题

如何判断实验结果的可疑值？

项目二　化学分析仪器的操作及规范

任务一　移液管和吸量管的使用及校正

☞ **任务描述**

（1）查阅移液管和吸量管使用的相关资料，熟悉移液管和吸量管的规格及适用范围。

（2）练习使用移液管和吸量管准确移取一定体积的溶液。

☞ **任务要求**

（1）了解移液管和吸量管的性能、规格、选用原则和洗涤方法。

（2）正确使用移液管和吸量管移取溶液。

（3）掌握移液管和吸量管使用的注意事项。

☞ **完成目的**

（1）学习移液管和吸量管的正确使用方法，掌握移液管和吸量管的读数要求。

（2）熟悉移液管和吸量管的分类，掌握移液管和吸量管使用的注意事项，以及移液管和吸量管校正的方法。

（3）对移取溶液过程中出现的错误操作，能及时、准确地指出并改正。

（4）在学与做的过程中培养团队协作意识，提高与人交流、合作的能力，培养学生主动参与、积极进取、探究科学的学习态度。

知识点　移液管和吸量管的使用

一、移液管和吸量管

移液管和吸量管的使用

1. 移液管

移液管是用来准确移取一定体积溶液的量器，是一种量出式仪器，只用来测量它所放出溶液的体积。其是一根中间有一膨大部分的细长玻璃管，下端为尖嘴状，上端管颈处刻有一标线，是所取液体准确体积的标志。常用的移液管有 5mL、10mL、25mL、50mL 等规格。

2. 吸量管

吸量管的全称是“分度吸量管”，是带有分度线的量出式玻璃量器，用于移取非固定量的溶液（图 2-1），其准确度不如移液管。常用的吸量管有 1mL、2mL、5mL、10mL 等规格。移液管和吸量管所移取的体积通常可准确到 0.01mL。

吸量管分为不完全流出式、完全流出式、吹出式三种。

1）不完全流出式

不完全流出式吸量管均为零点在上形式，最低分度线为标称容量。这类吸量管的任一分度线相应的容量定义为：20℃时，从零线排放到该分度线所流出的20℃水的体积（mL）。

2）完全流出式

这类吸量管有零点在上和零点在下两种形式。其任一分度线相应的容量定义为：在20℃时，从分度线排放到流液口时所流出20℃水的体积（mL），液体自由流下，直到确定弯月面已降到流液口静止后，再脱离容器（指零点在下式）；或者从零线排放到该分度线或流液口所流出20℃水的体积（指零点在上式）。

(a) 移液管　(b) 吸量管

图2-1　移液管和吸量管

3）吹出式

这类吸量管流速较快，且不规定等待时间。有零点在上和零点在下两种形式，均为完全流出式。吹出式吸量管的任意一分度线的容量定义为：在20℃时，从该分度线排放到流液口所流出的（指零点在下），或从零线排放到该分度线所流出的（指零点在上）、以毫升表示的20℃水的体积。使用过程中液面降至流液口并静止时，应随即将最后一滴残留的溶液一次性吹出。市场上还有一种标"快"字的吸量管，其容量精度与吹出式吸量管相近似。吹出式及快流速吸量管的精度低、流速快，适于在仪器分析实验中加试剂用，最好不用其移取标准溶液。

在分析实验中，根据所移溶液的体积和要求选择合适规格的移液管或吸量管使用，准确移取溶液一般使用移液管，反应需控制试液加入量时一般使用吸量管。实验中，要尽量使用同一支移液管或吸量管，以减少误差。

另外，移液管标线部分管径较小，准确度较高；分度吸量管的刻度部分管径大，准确度稍差，因此，当量取整数体积的溶液时，常用相应大小的移液管，而不用分度吸量管。

二、移液管（吸量管）的使用

1. 检查仪器

使用前，检查移液管（吸量管）的管口和尖嘴有无破损，若有破损，则不能使用。

2. 清洗

先用自来水淋洗后，用$H_2Cr_2O_7$洗液将其洗净，使其内壁及下端的外壁均不挂水珠。

具体操作：用右手拿移液管（吸量管）上端合适部位，食指靠近管上口，中指和无名指张开，握住移液管（吸量管）外侧，拇指在中指和无名指中间位置握在移液管（吸量管）内侧，小指自然放松；左手拿吸耳球，持握拳式，将吸耳球握在掌中，尖口向下，握紧吸耳球，排出球内空气，将吸耳球尖口插入或紧接在移液管（吸量管）上口，注意不能漏气。慢慢松开左手手指，将洗涤液慢慢吸入管内，直至刻度线以上部分。移开吸耳球，迅速用右手食指堵住移液管（吸量管）上口，等待片刻后，将洗涤液放回原瓶。用自来水冲洗移液管（吸量管）内、外壁至不挂水珠，再用蒸馏水洗涤3次，控干水备用。

3. 吸取溶液

1）润洗

摇匀待吸溶液，将待吸溶液倒一小部分于一洗净并干燥的小烧杯中，用滤纸将清洗过的移液管（吸量管）尖端内外的水分吸干，并插入小烧杯中吸取溶液，当吸至移液管（吸量管）容量的1/3时，立即用右手食指按住管口。取出，横持并转动移液管，使溶液流遍全管内壁，将溶液从下端尖口处排入废液杯内。如此操作，润洗3～4次后即可吸取溶液。

2）吸取样液

将用待吸液润洗过的移液管（吸量管）插入待吸液液面下 1～2cm 处，用吸耳球按上述操作方法吸取溶液（注意管尖插入溶液不能太深，并要边吸边往下插入，始终保持此深度）。当管内液面上升至标线以上 1～2cm 处时，迅速用右手食指堵住管口（此时若溶液下落至标线以下，应重新吸取），将移液管（吸量管）提出待吸液面，并使管尖端接触待吸液容器内壁片刻后提起，用滤纸擦干移液管（吸量管）下端黏附的少量溶液。在移动移液管（吸量管）时，应将移液管（吸量管）保持垂直，不能倾斜。

4. 调节液面

另取一干净小烧杯，将移液管（吸量管）管尖紧靠小烧杯内壁，小烧杯保持倾斜，使移液管（吸量管）保持垂直，刻度线和视线保持水平（左手不能接触移液管或吸量管）。稍稍松开食指（可微微转动移液管或吸量管），使管内溶液慢慢从下口流出，液面将至刻度线时，按紧右手食指，停顿片刻，再按上法将溶液的弯月面底线放至与标线上缘相切为止，立即用食指压紧管口，将尖口处紧靠烧杯内壁，向烧杯口移动少许，去掉尖口处的液滴。将移液管（吸量管）小心移至盛接溶液的容器中。

5. 放液

将移液管（吸量管）直立，接收器倾斜，管下端紧靠接收器内壁，放松食指，让溶液沿接收器内壁流下，管内溶液流完后，保持放液状态停留15s，将移液管（吸量管）尖端在接收器靠点处内壁前后小距离滑动几下（或将管尖靠接收器内壁旋转一周），移走移液管。残留在管尖内壁处的少量溶液，不可用外力迫使其流出，因校正移液管（吸量管）时，已考虑了尖端内壁处保留溶液的体积。在管身上标有“吹”字的，可用吸耳球吹出，不允许保留。

三、移液管和吸量管使用注意事项

（1）移液管（吸量管）不应在干燥箱中烘干。

（2）移液管（吸量管）不能移取太热或太冷的溶液。

（3）同一实验中应尽可能使用同一支移液管（吸量管）。

（4）移液管（吸量管）在使用完毕后，应立即用自来水及蒸馏水冲洗干净，置于移液管架上。

（5）移液管（吸量管）和容量瓶常配合使用，因此在使用前常做两者的相对体积校准。

（6）在使用吸量管时，为了减少测量误差，每次都应以最上面刻度（0 刻度）处为起始点，往下放出所需体积的溶液，而不是需要多少体积就吸取多少体积。

（7）吹出式吸量管管身标有“吹”字样，需要用吸耳球吹出管口残余液体；新式的没有，千万不要吹出管口残余液体，否则会导致量取液体过多。

（8）移液管和吸量管的规格较多，要根据实验的具体情况，合理地选用。但由于种种原因，目前市场上的产品不一定都符合标准，有些产品标志不全，有的产品质量不合格，使用户无法分辨其类型和级别，如果实验精度要求很高，最好经容量校准后再使用。

（9）在调零点和放液过程中，移液管（吸量管）都要保持垂直，其尖嘴要接触倾斜的器壁（不可接触下面溶液）并保持不动；移液管（吸量管）用完应放在移液管架上，不要随便放在实验台上，尤其要防止碰破玻璃尖嘴。

课堂习题

一、填空题

（1）吸量管的全称是________，它是带有________的量出式玻璃量器，用于移取________的溶液，其准确度________移液管。

（2）使用前，检查移液管（吸量管）的________和________有无破损，若有破损，则不能使用。

（3）吸量管分为________、________、________三种。

（4）放液时，将移液管或吸量管________，________倾斜，管下端紧靠接收器内壁，放开食指，让溶液________。

二、简答题

（1）简述移液管（吸量管）润洗的方法。

（2）使用移液管（吸量管）有哪些注意事项？

（3）单标线吸量管和分度吸量管，哪个准确性更高？

技能点一 移液管（吸量管）的使用练习

一、工作准备

移液管（吸量管）的使用练习

1. 试剂

（1）$H_2Cr_2O_7$洗液。

（2）蒸馏水。

2. 仪器和材料

（1）移液管。

（2）吸耳球。

（3）小烧杯、废液杯。

（4）吸水纸。

3. 技能练习要求

练习使用移液管（吸量管）准确移取一定量的液体。

二、操作步骤

（1）在分析实验室，认识移液管和吸量管。

（2）检查移液管（管口是否平整，流液口是否有破损，刻度线是否清晰）。

（3）清洗移液管。用自来水淋洗后，用 $H_2Cr_2O_7$ 洗液清洗，最后用自来水和蒸馏水洗涤，沥干水备用。

（4）吸液。将蒸馏水倒入一洗净并干燥的小烧杯中，用吸水纸将清洗过的移液管（吸量管）管尖内外的水分吸干，并插入小烧杯中吸取蒸馏水，当吸至移液管（吸量管）容量的 1/3 时，立即用右手食指按住管口，取出，横持并转动移液管（吸量管），使溶液流遍全管内壁，将溶液从下端尖口处排入废液杯内。如此操作，润洗 3～4 次。再将移液管（吸量管）插入蒸馏水液面下 1～2cm 处，用吸耳球按上述操作方法吸取蒸馏水（注意移液管插入溶液不能太深，并要边吸边往下插入，始终保持此深度）。当管内液面上升至标线以上 1～2cm 处时，迅速用右手食指堵住管口（此时若溶液下落至刻度线以下，应重新吸取），将移液管（吸量管）提出液面，并使管尖端接触容器内壁片刻后提起，用吸水纸擦干移液管（吸量管）下端黏附的少量溶液。

（5）调节液面。左手另取一干净小烧杯，将移液管（吸量管）管尖紧靠小烧杯内壁，小烧杯保持倾斜，使移液管保持垂直，刻度线和视线保持水平。稍稍松开右手食指（可微微转动移液管或吸量管），使管内溶液慢慢从下口流出，液面将至刻度线时，按紧右手食指，停顿片刻，再按上法将溶液的弯月面底线放至与标线上缘相切为止，立即用右手食指压紧管口。将尖口处紧靠烧杯内壁，向烧杯口移动少许，去掉尖口处的液滴。将移液管或吸量管小心移至承接溶液的容器中。

（6）放出溶液。将移液管（吸量管）直立，接收器倾斜，管下端紧靠接收器内壁，放开食指，让溶液沿接收器内壁流下，管内溶液流完后，保持放液状态停留 15s，将移液管（吸量管）尖端在接收器靠点处靠壁前后短距离滑动几下（或将移液管尖端靠接收器内壁旋转一周），移走移液管。

（7）清洗移液管（吸量管）。将使用后的移液管（吸量管）用自来水冲洗至内、外壁不挂水珠，再用蒸馏水洗涤 3 次，洗净的移液管（吸量管）放置于移液管架上。

三、操作要点

（1）移液管（吸量管）不使用时，应置于移液管架上。

（2）吸取液体时每次都应以最上面刻度（0 刻度）处为起始点，往下放出所需体积的溶液。

（3）在调零点和放液过程中，移液管（吸量管）都要保持垂直，其尖嘴要接触倾斜的器壁（不可接触下面的溶液）并保持不动；等待 15s 后，尖嘴内仍残留的一点液体绝对不能吹出（未标“吹”）。

课堂习题

一、填空题

（1）移液管和吸量管不使用时，应放置于________。

（2）在调零点和放液过程中，移液管都要保持垂直，其尖嘴要接触倾斜的器壁

（不可接触下面溶液）并保持不动；等待________后，尖嘴内仍残留的一点液体绝对不能________（移液管未标“吹”）。

二、简答题

（1）使用吸量管准确移取一定体积溶液时，需进行哪些准备？

（2）使用移液管和吸量管时，如何调整液面？

（3）移液管使用前，应如何检查？

任务考核

移液管（吸量管）使用操作标准及评分见表2-1。

表2-1　移液管（吸量管）使用操作标准及评分

考核要素	评分要素	配分	评分标准		扣分	得分
基本操作	准备	10分	物品摆放整齐	5分		
			检查移液管（吸量管）管口是否平整，流液口应无破损	5分		
	洗涤	15分	洗液清洗洁净	5分		
			自来水充分冲洗，蒸馏水润洗，内壁不挂水珠	5分		
			润洗3～4次，洗液不能流回试剂瓶	5分		
	吸液	15分	移液管（吸量管）插入液面下1～2cm 处	5分		
			移液管（吸量管）插入溶液前及吸溶液后应用吸水纸擦拭外壁溶液	10分		
	调节液面	25分	移液管（吸量管）管尖紧靠干净烧杯内壁，烧杯倾斜约30°，移液管（吸量管）保持垂直	15分		
			调节液面视线与刻度线水平，管内溶液慢慢从下口流出，至弯月面最低点与刻度线上缘相切	10分		
	放出溶液	25分	放出溶液时移液管（吸量管）尖端靠壁，移液管（吸量管）垂直，溶液沿壁自然流下	15分		
			溶液放尽后，移液管（吸量管）停留15s后离开，不能用吸耳球将残液吹出	10分		
文明操作	统筹安排能力、工作态度	10分	仪器清洗洁净、复位	5分		
			完成时间符合要求	5分		
总计						

技能点二　吸量管的校正

一、工作准备

吸量管的校正

1. 试剂

纯水：蒸馏水或去离子水，应符合GB/T 6682—2008要求。

2. 仪器和材料

（1）电子分析天平：感量0.000 1g。

（2）称量杯。

（3）吸量管：25mL。

（4）温度计：测量范围 10～30℃，分度值为 0.1℃的精密温度计。

3. 参考标准

《中华人民共和国国家计量检定规程 常用玻璃量器》（JJG 196—2006）。

4. 技能练习要求

校正所用吸量管。

二、操作步骤

（1）将清洗干净的吸量管垂直放置，充水至最高标线以上约 5mm 处，擦去吸量管流液口外面的水。

（2）缓慢地将液面调整到被检分度线上，移去流液口的最后一滴水珠。

（3）取一只容量大于被检吸量管容器的带盖称量杯，用电子分析天平称得空杯的质量（m_0）。

（4）将流液口与称量杯内壁接触，称量杯倾斜 30°，使水分充分地流入称量杯中。对于流出式吸量管，当水流至流液口不流时，等待约 3s，随即用称量杯移去流液口的最后一滴水珠（口端保留残留液）；对于吹出式吸量管，当水流至流液口不流时，随即将流液口残留液排出。

（5）将被检吸量管管内的纯水放入称量杯后，称得称量杯和纯水的共同质量（m_1），计算得到纯水质量（m）。

（6）在调整被检吸量管液面的同时，应观察并用温度计测量水温，读数应准确到 0.1℃。

（7）按照以下公式计算吸量管在标准温度 20℃时的实际容量：

$$V_{20}=\frac{m(\rho_B-\rho_A)}{\rho_B(\rho_W-\rho_A)}[1+\beta(20-t)] \tag{2-1}$$

式中，V_{20}——标准温度 20℃时被检玻璃量器的实际容量，mL；

m——纯水质量，g。

ρ_B——砝码密度，取 8.00g/cm^3；

ρ_A——测定时实验室内的空气密度，取 0.001 2g/cm^3；

ρ_W——蒸馏水 t℃时的密度，g/cm^3；

β——被检玻璃量器的体胀系数，℃$^{-1}$；

t——检定时蒸馏水的温度，℃。

（8）对分度吸量管，除计算各检定点容量误差外，还应计算任意两点之间的最大误差。

（9）校正值 V 用实际容量与标称容量之差记录。

三、原始数据记录

将实验数据填入表 2-2。

表 2-2　吸量管自校记录

序号	温度 t/℃	称量记录		纯水的质量 m/g	实际容量 V_{20}/mL	校正值 $V_{校正}$/mL	平均校正值 $V_{平均校正}$/mL
		称量杯质量 m_0/g	称量杯和纯水的共同质量 m_1/g				
1							
2							

四、操作要点

（1）待校正的吸量管检定前需进行清洗，清洗的方法为：用 $K_2Cr_2O_7$ 的饱和溶液和浓 H_2SO_4 的混合液（调配比例为 1∶1）或 20%发烟 H_2SO_4 进行清洗，然后用水冲净。

（2）器壁上不应有挂水等沾污现象，液面与器壁接触处应形成正常弯月面。

（3）清洗干净的被检吸量管须在检定前 4h 放入实验室内。

（4）一般每个容量仪器应同时校正 2～3 次，取其平均值。校正时，两次真实容量差值不得超过±0.01mL，或水质量差值不得超过±10mg；10mL 以下的容器，水质量差值不得超过±5.0mg。

（5）校正所用的纯水及欲校正的玻璃容器，至少提前 1h 放进天平室，待温度恒定后，再进行校正，以减少校正的误差。

（6）校正时使用的温度计必须定期送计量部门检定，按检定结果读取温度。

（7）吸量管的检定周期为 3 年。

课堂习题

一、填空题

（1）一般每个容量仪器应同时校正________次，取其平均值。

（2）校正吸量管，所用温度计测量范围为________℃，分度值为________。

二、简答题

（1）吸量管多长时间进行一次校正？

（2）校正吸量管使用的水，有何要求？

（3）简述吸量管校正过程中的注意事项。

任务考核

吸量管校正操作标准及评分见表 2-3。

表 2-3　吸量管校正操作标准及评分

考核要素	评分要素	配分	评分标准		扣分	得分
基本操作	准备	20 分	吸量管的清洗洁净	5 分		
			正确干燥吸量管	5 分		
			纯水、温度计的准备	10 分		

续表

<table>
<tr><th>考核要素</th><th>评分要素</th><th>配分</th><th colspan="2">评分标准</th><th>扣分</th><th>得分</th></tr>
<tr><td rowspan="5">基本操作</td><td rowspan="5">吸量管校正</td><td rowspan="5">60 分</td><td>正确使用称量杯</td><td>10 分</td><td></td><td></td></tr>
<tr><td>准确吸取纯水至刻度线</td><td>10 分</td><td></td><td></td></tr>
<tr><td>准确测定水温</td><td>10 分</td><td></td><td></td></tr>
<tr><td>正确计算校正值</td><td>15 分</td><td></td><td></td></tr>
<tr><td>正确填写自校正记录单</td><td>15 分</td><td></td><td></td></tr>
<tr><td rowspan="3">文明操作</td><td>实验结果</td><td>5 分</td><td>正确放置吸量管</td><td>5 分</td><td></td><td></td></tr>
<tr><td rowspan="2">统筹安排能力、工作态度</td><td rowspan="2">15 分</td><td>清理实验台，仪器、药品摆放整齐</td><td>5 分</td><td></td><td></td></tr>
<tr><td>完成时间符合要求</td><td>10 分</td><td></td><td></td></tr>
<tr><td colspan="5">总计</td><td colspan="2"></td></tr>
</table>

任务二　容量瓶的使用及校正

任务描述

（1）查阅容量瓶使用的相关资料，熟悉容量瓶的规格及适用范围。

（2）练习使用容量瓶准确配制一定体积的溶液。

任务要求

（1）了解容量瓶的性能、规格、选用原则和洗涤方法。

（2）能正确操作容量瓶（固体样品的溶解、转移和定容，液体样品的稀释、定容）。

（3）掌握容量瓶使用的注意事项。

完成目的

（1）学习容量瓶的正确使用方法。

（2）掌握容量瓶使用的注意事项，掌握容量瓶校正的方法。

（3）对容量瓶使用过程中出现的错误操作，能及时、准确地指出并改正。

（4）在学与做的过程中培养团队协作意识，提高与人交流、合作的能力，培养学生主动参与、积极进取、探究科学的学习态度。

知识点　容量瓶的使用

容量瓶是一种细颈、梨形平底容量器，瓶口配有磨口玻璃塞或塑料塞，颈上有标线，表示在所指温度下液体与容量瓶颈部的标线相切时，溶液的体积恰好与瓶上标注的体积相等。容量瓶常用于直接法配制标准溶液和准确稀释溶液及制备样品溶液。常用的容量瓶有 5mL、25mL、50mL、100mL、250mL、1 000mL 等多种规格。

容量瓶的使用

容量瓶是化学分析法常用的重要量器。容量瓶的容量与其所标出的体积并非完全相符合。因此，在准确度要求较高的分析工作中，必须对容量器皿进行校正。由于玻璃具有热胀冷缩的特性，在不同的温度下容量器皿的体积也有所不同。因此，校正玻璃容量器皿时，必须规定一个共同的温度值，这一规定温度值为标准温度。国际上规定玻璃容量器皿的标准温度为20℃，即在校正时都将玻璃容量器皿的容积校正到20℃时的实际容量。

在容量分析中容积的基本单位是mL，1mL是指在4℃真空中，1g纯水在最大密度时所占的体积。在4℃真空中称得水的质量（g）在数值上等于它的体积（mL）。但是，4℃和真空并不是实际的测量环境，在实际的工作中，容器中水的质量是在室温和空气中称量的，因此必须考虑空气浮力的影响和温度的影响。将这些因素加以校正后，通过计算即可以得到较准确的校正结果。

表2-4给出了不同温度下玻璃容器中1mL水在空气中用黄铜砝码称得的质量，表2-5为容量瓶级别及允许偏差。

表2-4　不同温度下玻璃容器中1mL水在空气中用黄铜砝码称得的质量

温度/℃	质量/g	温度/℃	质量/g	温度/℃	质量/g	温度/℃	质量/g
10	0.998 39	16	0.997 80	22	0.996 80	28	0.995 44
11	0.998 32	17	0.997 66	23	0.996 60	29	0.995 18
12	0.998 23	18	0.997 51	24	0.996 38	30	0.994 91
13	0.998 14	19	0.997 35	25	0.996 17	31	0.994 68
14	0.998 04	20	0.997 18	26	0.995 93	32	0.994 34
15	0.997 93	21	0.997 00	27	0.995 69	33	0.994 05

表2-5　容量瓶级别及允许偏差

标称总容量/mL		1	5	10	25	50	100	250
容量允差/mL	A类	±0.010	±0.020	±0.020	±0.03	±0.05	±0.10	±0.15
	B类	±0.020	±0.040	±0.040	±0.06	±0.10	±0.20	±0.30

一、容量瓶的检查

使用容量瓶前，应先检查：容量瓶的容量是否与所要求的一致；标线位置距离瓶口是否太近，若标线距离瓶口太近，则不宜使用；检查瓶塞是否严密。

二、容量瓶的使用

1. 试漏

加自来水至标线附近，盖好瓶塞后，一手用食指按住瓶塞，其余手指拿住瓶颈标线以上部分，另一手用指尖托住瓶底边缘（图2-2），倒立2min，将瓶直立，用干吸水纸沿瓶口缝隙处检查有无水渗出。如不漏水，转动瓶塞180°后，再倒立2min，检查。如不漏水，则可以使用。

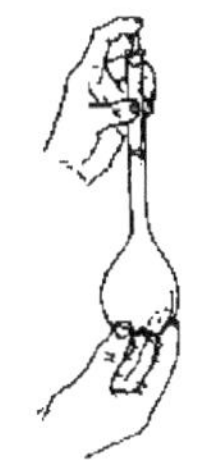

图2-2　容量瓶试漏拿法

在使用中，不可将瓶塞放在桌面上，以免沾污。操作时，可用一手的食指和中指（或中指和无名指）夹住瓶塞的扁头（图2-3），当操作结束后，随手将瓶盖盖上。也可用橡皮圈或

图 2-3　用食指和中指夹住瓶塞的扁头

细绳将瓶塞系在瓶颈上，细绳应稍短于瓶颈。操作时，瓶塞系在瓶颈上，尽量不要碰到瓶颈，操作结束后立即将瓶塞盖好。

2. 洗涤

容量瓶较脏时，可用 $H_2Cr_2O_7$ 洗液洗涤。

（1）将水尽量沥干，小心倒入 10～20mL $H_2Cr_2O_7$ 洗液。

（2）盖上塞，边转动边倾斜，使洗液布满内壁。

（3）倒出洗液，用自来水充分洗涤，再用蒸馏水淋洗 3 次。

3. 配制溶液

将固体物质配制成一定体积溶液。

（1）称量。准确称出所需质量的试剂，并放置在小烧杯中，加少量蒸馏水溶解，再定量地转移到容量瓶中。

（2）溶解。用玻璃棒缓慢搅拌、溶解。注意，搅拌时玻璃棒不要与烧杯碰撞。

（3）转移。将玻璃棒插入容量瓶内，烧杯口紧靠玻璃棒，使溶液沿玻璃棒慢慢流入，如图 2-4 所示。待溶液流完后，将烧杯沿玻璃棒稍向上提，同时直立，使附着在烧杯嘴上的溶液流回烧杯中。残留在烧杯中的溶液可用少量蒸馏水涮洗 3～4 次，洗涤液按上述方法转移合并到容量瓶中。

（4）定容。溶液转入容量瓶后，加蒸馏水稀释到约 3/4 体积时，将容量瓶平摇几次，初步混匀，可避免混合后体积的改变，然后继续加蒸馏水至离标线 1～2cm 时，改用洁净的胶头滴管逐滴加入蒸馏水，至溶液的弯月面（凹液面）下缘最低处与标线相切，盖紧瓶塞。

（5）摇匀。一只手按住瓶塞，另一只手指尖顶住瓶底边缘，注意不要用手掌握住瓶身，以免体温使液体膨胀。将容量瓶倒转 180°，使气泡上升到顶部，来回振荡几次，再倒转过来，如图 2-5 所示。如此反复 10 次以上，转动瓶塞约 180°后，再按上述方法摇匀 5 次，即可混匀。

图 2-4　定量转移溶液

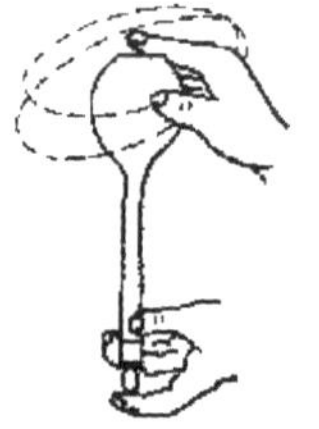

图 2-5　摇匀溶液

三、容量瓶使用的注意事项

（1）向容量瓶中转移溶液时必须用玻璃棒引流。

（2）不能用手掌握住瓶身，以免造成液体膨胀。

（3）当容量瓶内的容积达到 3/4 左右时，将容量瓶平摇几周（勿倒转），使溶液初步混匀，然后把容量瓶放在桌子上，慢慢加水到接近标线 1cm 左右，静置 1～2min，使黏附在瓶颈内壁的溶液流下，用胶头滴管加水至弯月面（凹液面）最低点与标线相切。

（4）热溶液应冷却至室温才能注入容量瓶，否则可造成体积误差。

（5）容量瓶不能久储溶液，尤其是碱液，会腐蚀玻璃使瓶塞粘住，无法打开。

（6）容量瓶用毕，应用水冲洗干净。

（7）如长期不用，将磨口处洗净吸干，垫上纸片。

课堂习题

一、填空题

（1）容量瓶常用于________。

（2）使用容量瓶前，应先检查：容量瓶的________是否与所要求的一致；若配制见光易分解物质的溶液，应选择________容量瓶；标线位置距离________是否太近。

（3）向容量瓶中转移溶液时必须用________引流。

（4）容量瓶不能________溶液，尤其是碱液，会腐蚀玻璃使瓶塞________，无法打开。

二、简答题

（1）如何清洗容量瓶？

（2）如何对容量瓶中的溶液进行混合？

（3）简述使用容量瓶的注意事项。

技能点一　配制 1mg/mL 葡萄糖溶液 1 000mL

一、工作准备

配制 1mg/mL 葡萄糖溶液 1000mL

1. 试剂

（1）葡萄糖（$C_6H_{12}O_6 \cdot H_2O$）。

（2）纯水：蒸馏水或去离子水，应符合 GB/T 6682—2008 要求。

（3）$H_2Cr_2O_7$ 洗液。

2. 仪器与材料

（1）电子分析天平：感量 0.000 1g。

（2）称量纸。

（3）容量瓶：1 000mL。

（4）烧杯。

（5）玻璃棒。

（6）试剂瓶。

3. 参考标准

《化学试剂 杂质测定用标准溶液的制备》（GB/T 602—2002）。

4. 技能练习要求

练习容量瓶的使用，并配制给定浓度的葡萄糖溶液。

二、操作步骤

（1）在分析实验室，选取合适的容量瓶。

（2）检查容量瓶。①容量瓶容积与所要求的是否一致；②检查瓶塞是否严密，不漏水。具体方法：加水至标线附近，盖好瓶塞后，一手用食指按住瓶塞，其余手指拿住瓶颈标线以上部分，另一手指尖托住瓶底，将瓶倒立 2min，将瓶直立，用干吸水纸沿瓶口缝隙处检查是否有水渗出。如不漏水，转动瓶塞 180°，再倒立 2min，如不漏可使用。

（3）洗涤容量瓶。用 $H_2Cr_2O_7$ 洗液洗涤容量瓶，具体方法：将容量瓶中水尽量沥干，小心倒入 10～20mL $H_2Cr_2O_7$ 洗液，塞上瓶塞，边转动边倾斜，使洗液布满内壁；然后倒出洗液，用自来水充分洗涤，再用蒸馏水淋洗 3 次。

（4）准确称量葡萄糖 1.000 0g，置于烧杯中。

（5）加入少量蒸馏水，用玻璃棒搅拌使其溶解。然后将溶液移入洗净的容量瓶中，然后用洗瓶吹洗烧杯壁 2～3 次，按同法转入容量瓶中。当溶液加到瓶中 2/3 处以后，将容量瓶水平方向摇转几周（勿倒转），使溶液混匀。

（6）把容量瓶平放在桌子上，慢慢加水到距标线 1～2cm，等待 1～2min，使黏附在瓶颈内壁的溶液流下，再改用胶头滴管滴加，眼睛平视标线，加水至溶液凹液面底部与标线相切，立即盖好瓶塞，用掌心顶住瓶塞，另一只手的手指托住瓶底，随后将容量瓶倒转，使气泡上升到顶，此时可将瓶振荡数次；再倒转过来，仍使气泡上升到顶。如此反复 10 次以上，将溶液混合均匀。

（7）将配好的溶液转移至试剂瓶。

三、操作要点

（1）使用前要检查容量瓶是否破损，磨口瓶塞是否配套、漏水。

（2）清洗烧杯和玻璃棒要少量多次。

（3）溶液转移入容量瓶时，要用玻璃棒引流，避免溶液外漏。

（4）定容后将溶液混合均匀。

（5）混合均匀后的溶液，如液面低于刻度线，不得补充蒸馏水。

课堂习题

一、填空题

（1）容量瓶不用时，应在瓶塞处________，否则容易使瓶塞无法打开。

（2）使用容量瓶时，当把溶解好的试剂转移入容量瓶后，再用少量________涮洗烧杯和玻璃棒 3 次以上，将以上溶液全部转移到________中。

（3）溶液转移入容量瓶时，要用________引流，避免溶液外漏。

（4）混合均匀后的溶液，液面低于刻度线，________充加入蒸馏水，因为________。

二、简答题

（1）使用容量瓶前，如何对容量瓶进行检查？

（2）配制 1mg/mL 葡萄糖溶液 1 000mL 时，需要做的准备工作有哪些？

（3）简述将溶液转移入容量瓶的操作步骤。

任务考核

配制 1mg/mL 葡萄糖溶液 1 000mL 操作标准及评分见表 2-6。

表 2-6　配制 1mg/mL 葡萄糖溶液 1 000mL 操作标准及评分

考核要素	评分要素	配分	评分标准		扣分	得分
基本操作	准备	20 分	物品摆放整齐	5 分		
			仪器清洗洁净	5 分		
			正确试漏容量瓶	10 分		
	转移	35 分	准确称量葡萄糖	5 分		
			正确溶解葡萄糖	10 分		
			正确转移溶液	10 分		
			正确冲洗烧杯和玻璃棒	10 分		
	初步摇匀	5 分	用蒸馏水稀释至容量瓶 2/3 时平摇	5 分		
	定容	10 分	加蒸馏水至近标线约 1cm 处，静置 1～2min	5 分		
			逐滴加入蒸馏水稀释至刻度线	5 分		
	混匀溶液	5 分	正确摇匀	5 分		
文明操作	实验结果	15 分	将溶液转移至试剂瓶，贴标签	10 分		
			洗净容量瓶，在瓶口和瓶塞间夹一纸片	5 分		
	统筹安排能力、工作态度	10 分	清理实验台，仪器、药品摆放整齐	5 分		
			完成时间符合要求	5 分		
总计						

技能点二　容量瓶的校正

一、工作准备

容量瓶的校正

1. 试剂

纯水：蒸馏水或去离子水，应符合 GB/T 6682—2008 要求。

2. 仪器和材料

（1）电子分析天平：感量 0.000 1g。

（2）烧杯。

（3）容量瓶：100mL。

（4）温度计：测量范围 10～30℃，分度值为 0.1℃的精密温度计。

（5）玻璃棒。

3. 参考标准

《中华人民共和国国家计量检定规程 常用玻璃量器》（JJG 196—2006）。

4. 技能练习要求

校正所用容量瓶。

二、操作步骤

（1）将待校正的容量瓶清洗干净并进行干燥处理。

（2）用电子分析天平称量空容量瓶的质量（m_0）。

（3）注纯水至被检容量瓶的标线处，注意不可有水珠挂在刻度线以上，若挂水珠应用干燥滤纸条吸干，塞上瓶塞，称量容量瓶和水的质量（m_1）。

（4）将温度计插入被检容量瓶中，测得纯水的温度，读数应准确到 0.1℃。

（5）容量瓶和水的质量（m_1）减去空容量瓶质量（m_0）即为容量瓶中纯水的质量（m）。

（6）按照公式（2-1）计算被检容量瓶在标准温度 20℃的实际容量。

（7）校正值（V）用实际容量与标称容量之差记录。

三、原始数据记录

将实验数据填入表 2-7。

表 2-7　容量瓶自校记录

序号	温度 t/℃	称量记录		纯水的质量 m/g	实际容量 V_{20}/mL	校正值 $V_{校正}$/mL	平均校正值 $V_{平均校正}$/mL
		容量瓶＋水 m_1/g	容量瓶 m_0/g				
1							
2							

四、操作要点

（1）待校正的容量瓶检定前需进行清洗，清洗的方法为：用 K_2CrO_7 的饱和溶液和浓 H_2SO_4 的混合液（调配比例为 1∶1）或 20%发烟 H_2SO_4 进行清洗，然后用水冲净。

（2）器壁上不应有挂水等沾污现象，液面与器壁接触处应形成正常弯月面。

（3）清洗干净的容量瓶须在检定前 4h 放入实验室内。

（4）容量瓶必须干燥。

（5）校正的温度一般以 15～25℃为好。

（6）一般每个容量仪器应同时校正 2～3 次，取其平均值。校正时，两次真实容量差值不得超过±0.01mL，或水的质量差值不得超过±10mg，10mL 以下的容器，水的质量差值不得超过±5.0mg。

（7）校正时使用的温度计必须定期送计量部门检定，按检定结果读取温度。

（8）容量瓶的检定周期为 3 年。

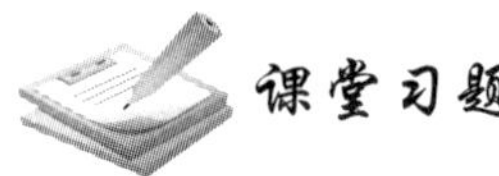
课堂习题

一、填空题

当容量瓶内的容积达到________时，将容量瓶平摇几周（勿倒转），使溶液初步混匀，然后把容量瓶放在桌子上，慢慢加水到接近标线1cm左右，静置________min，使黏附在瓶颈内壁的溶液流下，用胶头滴管加水至________。

二、简答题

（1）容量瓶为什么要定期进行校正？

（2）简述容量瓶校正过程中的注意事项。

任务考核

容量瓶校正操作标准及评分见表2-8。

表2-8　容量瓶校正操作标准及评分

考核要素	评分要素	配分	评分标准		扣分	得分
基本操作	准备	20分	容量瓶清洗洁净	5分		
			正确干燥容量瓶	5分		
			正确进行纯水、温度计的准备	10分		
	容量瓶校正	50分	准确称量空容量瓶及瓶塞	10分		
			准确加水至刻度线	10分		
			准确测定水温	10分		
			正确计算校正值	10分		
			正确填写自校正记录单	10分		
文明操作	实验结果	15分	正确放置容量瓶	5分		
			在瓶口和瓶塞间夹一纸片	10分		
	统筹安排能力、工作态度	15分	清理实验台，仪器、药品摆放整齐	5分		
			完成时间符合要求	10分		
总计						

任务三　滴定管的使用及校正

任务描述

（1）查阅滴定管使用的相关资料，熟悉滴定管的分类、规格及适用范围。

（2）练习使用滴定管。

任务要求

（1）了解滴定管的性能、规格、选用原则和洗涤方法。

（2）正确使用滴定管，掌握清洗、排气、滴定、读数的方法。

（3）掌握滴定管使用的注意事项。

完成目的

（1）学习滴定管的正确使用方法，掌握滴定管清洗、排气、滴定、读数要求。

（2）熟悉滴定管的分类，掌握滴定管使用的注意事项，以及滴定管校正的方法。

（3）对滴定过程中出现的错误操作，能及时、准确地指出并改正。

（4）在学与做的过程中培养团队协作意识，提高与人交流、合作的能力，培养学生主动参与、积极进取、探究科学的学习态度。

知识点　滴定管的使用

一、滴定管的构造及其准确度

滴定管的使用

滴定分析又称容量分析，是将一种已知准确浓度的标准溶液滴加到被测定物质的溶液中，直到被测定物质与所加标准溶液完全反应为止，然后根据所用标准溶液的体积和浓度计算出物质的含量。液体体积的精密测量，是滴定分析的重要操作，是获得良好分析结果的重要因素。为此，必须了解如何正确使用容量分析仪器。

1. 构造

滴定管是滴定时可以准确测量滴定剂消耗体积的玻璃仪器。它是一根具有精密刻度，内径均匀的细长玻璃管，下端连接控制流体流出速度的玻璃旋塞或含有玻璃珠的乳胶管，底端再连接一个尖嘴玻璃管。滴定管可连续地根据需要放出不同体积的液体，并准确读出液体体积。

2. 准确度

常用的滴定管为 50mL 或 25mL，刻度小至 0.1mL，读数可估计到 0.01mL，一般有 ±0.02mL 的读数误差，所以每次滴定所用溶液体积最好在 20mL 以上。若滴定所用体积过小，则滴定管读数误差增大。

二、滴定管的种类

1. 根据精度和容量的不同分类

根据精度和容量的不同，滴定管可分为常量滴定管、半微量滴定管和微量滴定管。

常量滴定管容量有 50mL、25mL 等规格，刻度最小 0.1mL，可读到 0.01mL。半微量滴定管容积为 10mL，刻度最小 0.05mL，可读到 0.01mL。其结构一般与常量滴定管较为类似。微量滴定管容积有 1mL、2mL、5mL、10mL 等规格，刻度最小 0.01mL，最小可读到 0.001mL。此外还有半微量半自动滴定管，它可以自动加液，但滴定仍需手动控制。

2. 根据装液不同分类

根据所装液的酸碱性，滴定管一般分为两种：酸式滴定管和碱式滴定管。

1）酸式滴定管（具塞滴定管）

酸式滴定管下端有玻璃活塞，该玻璃活塞是固定配合该滴定管的，所以不能任意更换。要注意玻璃活塞是否旋转自如，通常是取出玻璃活塞，拭干，在活塞两端沿圆周抹一薄层凡士林作润滑剂，然后将瓶塞插入，顶紧，旋转几下使凡士林分布均匀（几乎透明）即可，再在活塞尾端套一橡皮圈，使之固定。注意凡士林不要涂得太多，否则易使活塞中的小孔或滴定管下端管尖堵塞。滴定管在使用前应试漏。

一般的标准溶液均可用酸式滴定管，但因碱性滴定液常使玻璃瓶塞与小孔黏合，以致难以转动，故碱性滴定液宜用碱式滴定管。但碱性滴定液只要使用时间不长，也可使用酸式滴定管，用毕后应立即用水冲洗。

2）碱式滴定管

碱式滴定管的下端连有橡皮管，橡皮管内装一玻璃珠控制溶液流出，橡皮管下端再接一个有尖嘴塞的玻璃管。一般用作碱性标准溶液的滴定。其准确度不如酸式滴定管，因为橡皮管的弹性会造成液面的变动。具有氧化性的溶液或其他易与橡皮管起作用的溶液，如 $KMnO_4$、I_2、$AgNO_3$ 等不能使用碱式滴定管。在使用前，应检查橡皮管是否破裂或老化及玻璃珠大小是否合适，确认无渗漏后才可使用。

三、滴定管的使用

1. 检查试漏

滴定管洗净后，先检查滴定管是否破损，再检查旋塞转动是否灵活，是否漏水。酸式滴定管检查方法：关闭旋塞，将滴定管充满水，把它垂直夹在滴定架上，放置 5min，观察管尖处是否有水滴滴下，用吸水纸在旋塞周围检查是否有水渗出。然后将旋塞旋转 180°，直立 5min，再检查。如漏水，酸式滴定管涂凡士林；碱式滴定管检查方法：使用前应先检查橡胶管是否老化，检查玻璃珠是否大小适当，若有问题，应及时更换，然后将滴定管装满水，直立 5min，若管尖处无水滴滴下即可。若漏液，必须重新装配。

2. 滴定管的洗涤

滴定管使用前必须先洗涤，洗涤时以不损伤内壁为原则。无明显油污，不太脏的滴定管，可用肥皂水或洗涤液冲洗。若较脏而又不易洗净，则用 $H_2Cr_2O_7$ 洗液洗涤。洗涤前，关闭旋塞，倒入约 10mL 洗液，打开旋塞，放出少量洗液洗涤管尖，然后边转动边向管口倾斜，使洗液布满全管，最后从管口放出（也可用 $H_2Cr_2O_7$ 洗液浸洗）。然后用自来水冲净。再用蒸馏水淌洗 2～3 次，每次 10～15mL 蒸馏水。

碱式滴定管的洗涤方法与酸式滴定管不同，碱式滴定管可以将管尖与玻璃珠取下，放入盛有洗液的烧杯中浸洗。将管体倒立入洗液中，用吸耳球将洗液吸入洗涤。

3. 滴定管的润洗

滴定管在使用前还必须用预装入的标准溶液润洗 2～3 次，每次 5～10mL，以除去残留的蒸馏水，保证装入的标准溶液与试剂瓶中的溶液一致。润洗液从上下两端弃去。

4. 装液及排气泡

装入标准溶液之前先将试剂瓶中的标准溶液摇匀，装时，先把活塞完全关好。然后左手三指拿住滴定管上部无刻度处，滴定管可以稍微倾斜以便接收溶液，右手拿住试剂瓶往滴定管中倒溶液。小瓶可以手握瓶肚（瓶签向手心）拿起来慢慢倒入，大瓶可以放在桌上，手拿瓶颈使瓶倾斜让溶液慢慢倾入滴定管中，直到溶液充满零刻度以上为止。注意装液时，绝不能借助于其他仪器（如滴管、漏斗、烧杯等）进行，一定要用试剂瓶直接装入。如标准溶液在容量瓶中，则由容量瓶直接装入。

排气即排除滴定管下端的气泡。将标准溶液加入滴定管后，应检查活塞下端或橡皮管内有无气泡。如有气泡，对于酸式滴定管可以迅速转动活塞，使溶液急速流出，以排除气泡。对于碱式滴定管先将滴定管倾斜，将橡皮管向上弯曲，并使滴定管嘴向上，然后捏挤玻璃珠上部，让溶液从尖嘴处喷出，使气泡随之排出。橡皮管内气泡是否排出橡皮管对光照着检查一下。排除气泡后，调节液面在 0.00mL 刻度，或在 0.00mL 刻度以下处，并记下初读数。

5. 滴定

1）滴定操作

使用酸式滴定管时，应将滴定管垂直地夹在滴定管夹上，滴定台应呈白色。用左手控制旋塞，拇指在前，食指、中指在后，无名指和小指弯曲在滴定管和旋塞下方之间的直角空间中。转动旋塞时，手指弯曲，手心空握。右手三指拿住瓶颈，瓶底离台 2～3cm，滴定管下端伸入瓶口约 1cm，微动右手腕关节摇动锥形瓶，边滴边摇，使滴下的溶液混合均匀。摇动锥形瓶的规范方式如下：右手执锥形瓶颈部，手腕用力使瓶底沿顺时针方向画圆，要求使溶液在锥形瓶内均匀旋转，形成漩涡，溶液不能有跳动。管口与锥形瓶应无接触。

使用碱式滴定管时，以左手握住滴定管，拇指在前，食指在后，用其他指头辅助固定管尖。用拇指和食指捏住玻璃珠所在部位，向外挤压胶管，使橡皮管和玻璃珠间形成一条缝隙，溶液就可以从空隙中流出，但注意不能挤捏玻璃珠下方的橡皮管，否则会造成空气进入形成气泡。

2）滴定速率

液体流速由快到慢，起初可以“连滴成线”，之后逐滴滴下，快到终点时则要半滴半滴地加入。半滴的加入方法如下：小心放下半滴滴定液悬于管口，用锥形瓶瓶内壁靠半滴滴定液，然后用洗瓶冲下。

3）终点操作

当锥形瓶瓶内指示剂指示终点时，立刻关闭旋塞停止滴定。洗瓶淋洗锥形瓶内壁。取下滴定管，右手执管上部无液部分，使管垂直，目光与液面平齐，读出读数。读数时应估读 1 位。滴定结束，滴定管内剩余溶液应弃去，洗净滴定管后，夹在夹上备用。

6. 读数

滴定管的读数手拿滴定管上端无溶液处使滴定管自然下垂，并将滴定管下端悬挂的液滴除去后，眼睛与液面在同一水平面上，进行读数，要求读准至小数点后 2 位。读数方法如下。

普通滴定管装无色溶液或浅色溶液时，读取弯月面下缘最低点处；对溶液颜色太深，无法观察下缘时，应从液面最上缘读数。读取时，视线和刻度应在同一水平面上，最好面向光亮处，滴定管的读数是自上而下的，应该读到小数点后第二位（即要求估计到±0.01mL），在装好标准溶液或放出标准溶液后，都必须等 1～2min，使溶液完全从器壁上流下后再读数。为了便于读数，可采用读数卡。读数卡是用涂有黑色的长方形（约 3cm×1.5cm）的白纸制成的。读数卡放在滴定管背后，使黑色部分在弯月面下约 1mm 处，即可看到弯月面的反射层成为黑色，然后读此黑色弯月面下缘的最低点。溶液颜色深而读取最上缘时，就可以用白纸作为读数卡。

四、滴定管使用注意事项

（1）滴定管在装满标准溶液后，管外壁的溶液要擦干，以免流下或溶液挥发而使管内溶液温度降低（在夏季影响尤大）。手持滴定管时，也要避免手心紧握装有溶液部分的管壁，以免手温高于室温（尤其在冬季）而使溶液的体积膨胀，造成读数误差。

（2）使用酸式滴定管时，应将滴定管固定在滴定管架上，旋塞柄向右，左手从中间向右伸出，拇指在管前，食指及中指在管后，三指平行地轻轻拿住旋塞柄，无名指及小指向手心弯曲，食指及中指由下向上顶住旋塞柄一端，拇指在上面配合动作。在转动时，中指及食指不要伸直，应该微微弯曲，轻轻向左扣住，这样既容易操作，又可防止把旋塞顶出。

（3）每次滴定须从零刻度开始，以使每次测定结果能抵消滴定管的刻度误差。

（4）在装满标准溶液后，滴定前初读零点，应静置1～2min再读一次，如液面读数无改变，仍为零，才能滴定。滴定时不应太快，每秒钟放出3～4滴为宜，尤其在接近计量点时，更应逐滴加入（在计量点前可适当加快滴定）。滴定至终点后，须等1～2min，使附着在内壁的标准溶液流下来以后再读数，如果放出滴定液的速率相当慢，等0.5min后读数亦可，终读也至少读2次。

（5）读数时可将滴定管垂直夹在滴定管架上或手持滴定管上端使滴定管自由地垂直读取刻度。还应该注意眼睛的位置与液面处在同一水平面上，否则将会引起误差。

（6）读数应该在弯月面下缘最低点，但遇标准溶液颜色太深，不能观察下缘时，可以读液面两侧最高点，初读与终读应使用同一标准。

（7）滴定管有无色、棕色两种，一般需避光保存的滴定液（如 $AgNO_3$ 标准溶液、$Na_2S_2O_3$ 标准溶液等），需用棕色滴定管。

课堂习题

一、填空题

（1）滴定管是滴定时可以准确测量________的玻璃仪器，它是一根具有________，内径均匀的细长玻璃管，可连续地根据需要放出不同体积的液体，并准确读出________的量器。

（2）每次滴定须从________开始，以使每次测定结果能抵消滴定管的刻度误差。

（3）在装满滴定溶液后，滴定前“初读”零点，应静置________再读一次，如液面读数________，仍为零，才能滴定。

（4）滴定管有无色、棕色两种，一般需避光保存的滴定液（如 $AgNO_3$ 标准溶液、$Na_2S_2O_3$ 标准溶液等），需用________。

二、简答题

（1）使用滴定管前，如何对滴定管进行检查？

（2）如何对碱式滴定管进行排气？

（3）简述滴定管读数的方法。

技能点一　滴定管的使用练习

滴定管的使用练习

一、工作准备

1. 试剂

（1）$H_2Cr_2O_7$ 洗液。

（2）蒸馏水。

2. 仪器和材料

（1）酸式滴定管。

（2）碱式滴定管。

（3）250mL 锥形瓶。

（4）滤纸。

（5）烧杯。

（6）吸耳球。

3. 技能练习要求

练习使用滴定管，并掌握滴定操作。

二、操作步骤

（1）认识滴定管，区别碱式滴定管和酸式滴定管。

（2）检查试漏。一是检查滴定管是否破损；二是检查滴定管是否漏水，碱式滴定管还要检查玻璃塞旋转是否灵活。

（3）洗涤。①当没有明显污染时，可以直接用自来水冲洗。如果其内壁粘有油脂性污物，则可用肥皂液、合成洗涤液或 Na_2CO_3 溶液洗涤，必要时把洗涤液先加热，并浸泡一段时间。所有洗涤液在洗涤容器后，都要倒回原来盛装的瓶中。无论用肥皂液、洗液等都需要用自来水充分洗涤。②用蒸馏水淌洗 2～3 次，每次用 5～10mL 蒸馏水。③用预装入的标准溶液最后润洗 2～3 次，每次用 5～10mL 溶液。

（4）装液、排气、调零。装入标准溶液之前先将试剂瓶中的标准溶液摇匀。装液时，先把活塞完全关好，将标准溶液加入滴定管后，排除活塞下端或橡皮管内的气泡。排除气泡后，调节液面在 0.00mL 刻度，或在 0.00mL 刻度以下处，并记下初读数。

（5）滴定。将滴定管垂直夹在滴定管架上，由快到慢进行滴定。并练习半滴加入的方法。

（6）读数。读数时可将滴定管夹在滴定管夹上，也可以从管夹上取下，用右手拇指和食指捏住滴定管上部无刻度处，使管自然下垂，两种方法都应使滴定管保持垂直。将滴定管下端悬挂的液滴除去后，眼睛与液面在同一水平面上，进行读数，要求读准至小数点后 2 位。设计数据记录表，并将实验数据进行记录。

（7）完毕后将滴定管清洗，倒夹在滴定台上。

三、操作要点

（1）滴定管初读数与终读数应采用同一读数方法。

（2）刚刚添加完溶液或刚刚滴定完毕的滴定管，不要立即调整零点或读数，而应等待 0.5～1min，以使附着的溶液流下来，使读数准确可靠。读数须准确至 0.01mL。

（3）读取初读数前，若滴定管尖悬挂液滴，应该用锥形瓶内壁将液滴粘去。在读取终读数前，如果出口管尖悬有溶液，此次读数不能使用。

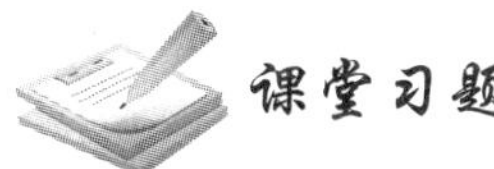

课堂习题

一、填空题

（1）滴定管使用时，要用________润洗________次。

（2）每次滴定，初读数与终读数应________。

（3）读取初读数前，若滴定管尖________，应该用锥形瓶内壁将液滴沾去。在读取终读数前，如果出口管尖悬有溶液，此次读数不能________。

二、简答题

（1）简述酸式滴定管试漏的方法。

（2）使用前，如何对碱式滴定管进行检查？

（3）简述酸式滴定管使用注意事项。

任务考核

滴定管使用操作标准及评分见表 2-9。

表 2-9　滴定管使用操作标准及评分

考核要素	评分要素	配分	评分标准		扣分	得分
基本操作	准备	30 分	物品摆放整齐	5 分		
			仪器清洗洁净	5 分		
			正确试漏滴定管	5 分		
			正确完成酸式滴定管涂油（或碱式滴定管调换玻璃珠、乳胶管）	5 分		
			规范完成滴定管清洗、润洗	10 分		
	滴定	40 分	正确排气泡	10 分		
			正确调整液面	5 分		
			正确控制滴定速率	10 分		
			终点判断准确	5 分		
			终点读数准确	10 分		
文明操作	实验结果	20 分	数据记录准确	5 分		
			数据处理正确	5 分		
			结果准确度符合要求	10 分		
	统筹安排能力、工作态度	10 分	正确完成仪器清洗、复位	5 分		
			完成时间符合要求	5 分		
总计						

技能点二　滴定管的校正

一、工作准备

滴定管的校正

1. 试剂

纯水：蒸馏水或去离子水，应符合 GB/T 6682—2008 要求。

2. 仪器和材料

（1）电子分析天平：感量 0.000 1g。

（2）称量杯。

（3）滴定管：50mL 酸式滴定管或碱式滴定管。

（4）温度计：测量范围 10～30℃，分度值为 0.1℃的精密温度计。

（5）玻璃棒。

3. 参考标准

《中华人民共和国国家计量检定规程 常用玻璃量器》（JJG 196—2006）。

4. 技能练习要求

校正所用滴定管。

二、操作步骤

（1）将清洗干净的被检滴定管垂直稳固地安装到检定架上，充水至最高标线以上约 5mm 处。

（2）缓慢地将液面调整到零位，同时排出流液口中的空气，移去流液口的最后一滴水珠。

（3）取一只容量大于被检滴定管的带盖称量杯，称得空杯的质量（m_0）。

（4）完全开启活塞（对于无塞滴定管，还需用力挤压玻璃小球），使水充分地从流液口流出。

（5）当液面降至被检分度线以上约 5mm 处时，等待 30s，然后 10s 内将液面调至被检分度线上，随即用称量杯移去流液口的最后一滴水珠。

（6）将被检滴定管内的纯水放入称量杯后，称得称量杯和水的质量（m_1），减去空杯的质量（m_0）即为纯水质量（m）。

（7）在调整被检滴定管液面的同时，应观察测量水温，读数应准确到 0.1℃。

（8）按照式（2-1）计算滴定管在标准温度 20℃时的实际容量。

（9）对滴定管除计算各检定点容量误差外，还应计算任意两点之间的最大误差。

（10）校正值（V）用实际容量与标称容量之差记录。

三、原始数据记录

将实验数据填入表 2-10。

表 2-10　滴定管自校记录

序号	温度 t/℃	称量记录		纯水的质量 m/g	实际容量 V/mL	校正值 $V_{校正}$/mL	平均校正值 $V_{平均校正}$/mL
		称量杯质量 m_0/g	称量杯和纯水的共同质量 m_1/g				
1							
2							

四、操作要点

（1）待校正的滴定管检定前需进行清洗。

（2）器壁上不应有挂水等沾污现象，使液面与器壁接触处形成正常弯月面。

（3）清洗干净的滴定管须在检定前 4h 放入实验室内。

（4）一般每个容量仪器应同时校正 2～3 次，取其平均值。

（5）校正时使用的温度计必须定期送计量部门检定。按检定结果读取温度。

（6）滴定管的检定周期为 3 年，其中无塞滴定管为 1 年。

课堂习题

一、填空题

（1）滴定管校正参考标准为________。

（2）校正滴定管使用的温度计应为测量范围是________的________温度计。

（3）校正滴定管的校正值用________与________之差记录。

二、简答题

（1）简述校正酸式滴定管的步骤。

（2）滴定管的检定周期是多久？

任务考核

滴定管校正操作标准及评分见表 2-11。

表 2-11　滴定管校正操作标准及评分

考核要素	评分要素	配分	评分标准		扣分	得分
基本操作	准备	20 分	正确检查滴定管	5 分		
			滴定管清洗洁净	5 分		
			正确进行纯水、温度计的准备	10 分		
	滴定管校正	60 分	正确使用称量杯	10 分		
			正确加液至刻度线	10 分		
			准确测定水温	10 分		
			正确计算校正值	15 分		
			正确填写自校正记录单	15 分		

续表

考核要素	评分要素	配分	评分标准		扣分	得分
文明操作	实验结果	5分	规范放置滴定管	5分		
	统筹安排能力、工作态度	15分	清理实验台，仪器、药品摆放整齐	5分		
			完成时间符合要求	10分		
总计						

任务四　电子分析天平的使用及校正

任务描述

（1）查阅电子分析天平的相关资料，熟悉分析天平的分类、原理及适用范围。

（2）通过看电子分析天平使用的视频，归纳、总结正确使用电子分析天平的方法。

（3）练习电子分析天平的使用，并准确称量。

任务要求

（1）了解称量法的分类及适用条件。

（2）掌握电子分析天平的原理、分类、使用及校正方法。

（3）正确使用电子分析天平，掌握天平调零、称量、校正、维护的方法。

（4）准确称量一定量的样品。

完成目的

（1）学习电子分析天平的正确使用方法，掌握天平调零、称量、校正、维护的方法。

（2）熟悉分析天平的分类，掌握分析天平使用的注意事项。

（3）对称量过程中出现的错误操作，能及时、准确地指出并改正。

（4）在学与做的过程中培养团队协作意识，提高与人交流、合作的能力，培养学生主动参与、积极进取、探究科学的学习态度。

知识点一　称量方法

称量是将物体和砝码在天平上进行比较以求得物体的重量的过程，是分析化学实验的重要的操作。

称量方法

天平的称量方法可分为直接称量法（简称直接法）和递减称量法（简称减量法）。

1. 直接称量法

直接称量法用于称取不易吸水、在空气中性质稳定的物质，如称量金属或合金试样。

称量时先称出称量纸（硫酸纸）的质量（m_1），加上试样后再称出称量纸与试样的总质量（m_2）。称出的试样质量$=m_2-m_1$。

2. 递减称量法

递减称量法（减量法）是一种能连续称取若干份试样，节省时间的称量方法。通过先将样品放于称量瓶中，置于天平盘上，称取样品和称量瓶的重量，然后取出所需的试样量，再称得剩余样品的称量瓶的重量，两次称量之差，即为所需试样的重量。此法用于称取粉末状或容易吸水、氧化及易与CO_2反应的物质。递减称量法称量使用的称量瓶，使用前须清洗干净，干净的称量瓶（盖）不能用手直接拿取，而要用干净的纸带套在称量瓶上夹取。称量时，先将试样装入称量瓶中，在台秤上粗称之后，放入天平中称出称量瓶与试样的总质量（m_1），用纸带夹住取出称量瓶后，小心倾出部分试样后再称出称量瓶和余下的试样的总质量（m_2），称出的试样质量$=m_1-m_2$。

递减称量法称量时，应注意不要让试样撒落到容器外，当试样量接近要求时，将称量瓶缓慢竖起，用瓶盖轻敲瓶口，使粘在瓶口的试样落入称量瓶或容器中。盖好瓶盖，再次称量，直到倾出的试样量符合要求为止。初学者常常掌握不好量的多少，倾出超出要求的试样量，为此，可少量多次，逐渐掌握和建立起量的概念。

课堂习题

简答题

（1）简述递减称量法的操作过程。

（2）简述递减称量法的注意事项。

知识点二　电子分析天平

一、电子分析天平的构造和分类

1. 电子分析天平的构造

电子分析天平

分析天平是实验中进行准确称量时最重要的仪器，它可以分为机械类和电子类。机械类分析天平可细分为普通分析天平、空气阻尼天平、半自动电光天平、全自动电光天平和单托盘天平等。这些天平都是利用杠杆原理，但是在结构上和使用方法上有所不同。机械天平能够满足一般定量分析的准确度要求，灵敏度为 0.1mg。此类天平的最大优点是结构直观，但是天平零件复杂，操作要求高且费时。电子分析天平具有全自动故障检测，外置砝码，自动校准，全部线性四点校准，超载保护等多种应用程序，其操作简单、称量准确可靠广泛应用在工业生产、科研、贸易等方面。

电子分析天平是最新一代的天平，是根据电磁力平衡原理直接称量的，全量程不需砝码。放上称量物后，在几秒钟内即达到平衡，显示读数，称量速率快，精度高。电子分析天平的支承点用弹性簧片取代机械天平的玛瑙刀口，用差动变压器取代升降枢装置，用数字显示代替指针刻度式。因而，电子分析天平具有使用寿命长、性能稳定、操作简便和灵敏度高的特点。此外，电子分析天平还具有自动校正、自动去皮、超载指示、故障报警及质量电信号输出功能，且可与打印机、计算机联用，进一步扩展其功能，如统计称量质量的最大值、最小值、平均值及标准偏差等。由于电子分析天平具有机械天平无法比拟的优点，尽管其价格较贵，仍越来越广泛地应用于各个领域并逐步取代机械天平。

2. 电子分析天平的分类

电子分析天平按结构可分为上皿式和下皿式两种。称盘在支架上面为上皿式，称盘吊挂在支架下面为下皿式。目前，广泛使用的是上皿式电子分析天平。尽管电子分析天平种类繁多，但其使用方法大同小异，具体操作可参看各仪器的使用说明书。

二、电子分析天平的使用方法

（1）水平调节。观察水准器，如水准器水泡偏移，需调整电子分析天平两个底脚螺丝调整水准器，使水泡位于水准器中心。

（2）预热。接通电源，预热至规定时间后，开启显示器进行操作。

（3）开启显示器。轻按 ON 键，显示器全亮，约 2s 后，显示电子分析天平的型号，然后显示称量模式 0.000 0g。读数时应关上电子分析天平门。

（4）电子分析天平基本模式的选定。电子分析天平通常为“通常情况”模式，并具有断电记忆功能。使用时若改为其他模式，使用后一经按 OFF 键，电子分析天平即恢复“通常情况”模式。称量单位的设置等可按说明书进行操作。

（5）校正。电子分析天平安装后，第一次使用前，应对电子分析天平进行校正。因存放时间较长、位置移动、环境变化或未获得精确测量，电子分析天平在使用前一般应进行校正操作。电子分析天平通常采用外校正功能（有的电子天平具有内校正功能），由 TAR 键（清零）及 CAL 键、200g 校正砝码完成。

（6）称量。按 TAR 键，显示为零后，置称量物于秤盘上，关上侧门，待数字稳定即显示器左下角的“o”消失后，即可读出称量物的质量值。

（7）去皮称量。按 TAR 键清零，置容器于秤盘上，电子分析天平显示容器质量，再按 TAR 键，显示 0.000 0g，即去除皮重。再置称量物于容器中，或将称量物（粉末状物或液体）逐步加入容器中直至达到所需质量，待显示器左下角“o”消失，这时显示的是称量物的净质量。将秤盘上的所有物品拿开后，电子分析天平显示为负值，按 TAR 键，电子分析天平显示 0.000 0g。若称量过程中秤盘上的总质量超过最大载荷时，电子分析天平仅显示上部线段，此时应立即减小载荷。

（8）称量结束后，若较短时间内还使用电子分析天平（或其他人还使用电子分析天平），一般不用按 OFF 键关闭显示器。实验全部结束后，关闭显示器，切断电源，在电子分析天平的使用记录本上记下称量操作的时间和电子分析天平状态，并签名。若短时间内（如 2h 内）还使用电子分析天平，可不必切断电源，再用时可省去预热时间。

（9）若当天不再使用电子分析天平，应拔下电源插头，整理好台面方可离开。

三、电子分析天平使用的注意事项

（1）在使用电子分析天平前，调整水准器水泡至中间位置，否则读数不准。

（2）使用电子分析天平时，称量物品的重心须位于秤盘中心点；称量物品时应遵循逐次添加的原则，轻拿轻放，避免对传感器造成冲击；且称量物不可超出称量范围，以免损坏天平。

（3）称量易挥发和具有腐蚀性的物品时，要盛放在密闭的容器中，以免腐蚀和损坏电子分析天平。另外，若有液体滴于秤盘上，立即用吸水纸轻轻吸干，不可用抹布等粗糙物擦拭。

（4）每次使用完电子分析天平后，应对天平内部、外部、周围区域进行清理，不可把待称量物品长时间置于天平周围，以免影响后续使用。

（5）称量时应戴手套或用纸带，并做好数据记录。

四、电子分析天平的维护与保养

（1）电子分析天平应放在水泥台上或坚实不易振动的台上，天平室应避开附近常有较大振动的地方，注意随手关门。

（2）电子分析天平应避免阳光直射、强烈的温度变化及空气对流，应安放于干燥的环境中，可在风罩内放干燥剂（如硅胶）。如发现部分硅胶由蓝色变为粉红色，应立即更换。

（3）在称量完毕后，应用毛刷清洁秤盘和底板。保持天平内部清洁，必要时用软毛刷或无水乙醇擦净。

（4）称量质量不得过天平的最大载荷。

（5）经常对电子分析天平进行自校或定期外校，保证其处于最佳状态。

（6）电子分析天平发生故障，不得擅自修理，应立即报告测试中心质量负责人。

（7）电子分析天平放妥后不宜经常搬动。必须搬动时，移动电子分析天平位置后，应由计量部门校正计量合格后，方可使用。

课堂习题

一、填空题

（1）电子分析天平按结构可分为________和________两种。

（2）电子分析天平的安放应避免________、强烈的温度变化及空气对流，应安放于______的环境中，可在风罩内放干燥剂，如发现部分硅胶由蓝色变为________色，应立即更换。

（3）电子分析天平使用时，称量物品的重心须位于秤盘________；称量物品时应遵循________原则，轻拿轻放，避免对传感器造成冲击；且称量物不可超出________，以免损坏电子分析天平。

（4）仪器管理人经常对电子分析天平进行________，保证其处于最佳状态。

二、简答题

（1）简述电子分析天平的使用方法。

（2）电子分析天平中使用的干燥剂是什么？

（3）如何判断电子分析天平是否水平？

技能点一　称量瓶的恒重

一、工作准备

1. 仪器和材料

（1）电子分析天平：感量 0.000 1g。

称量瓶的恒重

（2）称量瓶。
（3）电热鼓风干燥箱。
（4）干燥器（带干燥剂）。

2. 技能练习要求

练习称量瓶及干燥器的使用，并干燥给定称量瓶至恒重。

二、操作步骤

（1）将洗净的称量瓶置于电热鼓风干燥箱中，打开瓶盖并放于称量瓶旁，于 105℃干燥 1h，取出称量瓶，加盖，置于干燥器中冷却（约 30min）至室温，称量，质量记为 m_1。

（2）再将称量瓶放置于电热鼓风干燥箱中 0.5h，取出称量瓶，加盖，再放干燥器中 30min 后精确称量，质量记为 m_2，如此反复至恒重（前后两次质量差不超过 2mg）。

三、原始数据记录

将实验数据填入表 2-12。

表 2-12　称量瓶恒重数据记录

称量瓶编号	称量瓶的质量 m_1/g	称量瓶的质量 m_2/g	称量瓶的质量 m_3/g
1			
2			

四、操作要点

（1）干燥时间要达到要求。
（2）称量瓶要清洗干净，称量时戴手套或用纸带。
（3）放置、冷却称量瓶的地方要洁净、干燥。
（4）通过控制冷却时间，来控制冷却温度。
（5）干燥器型号应符合干燥要求，干燥剂吸湿效果良好。

课堂习题

一、填空题

（1）对称量瓶进行恒重前，应________。

（2）烘干称量瓶至恒重时，将洗净的称量瓶置________中，打开瓶盖并放于称量瓶________，于 105℃干燥________。

（3）干燥器常用的干燥剂是________，如发现部分硅胶由________变色为________色，应立即更换。

二、简答题

（1）简述称量瓶恒重过程。
（2）对称量瓶进行恒重前，应做哪些准备？

（3）简述干燥器的使用方法。

任务考核

称量瓶的恒重操作标准及评分见表 2-13。

表 2-13　称量瓶的恒重操作标准及评分

考核要素	评分要素	配分	评分标准		扣分	得分
基本操作	准备	70 分	物品摆放整齐	5 分		
			正确完成仪器准备	5 分		
			正确检查电子分析天平水平度	10 分		
			正确进行电子分析天平调零	10 分		
			准确称量	20 分		
			正确使用电热鼓风干燥箱	10 分		
			正确使用干燥器	10 分		
文明操作	实验结果	10 分	正确进行数据记录	5 分		
			结果准确度符合要求	5 分		
	统筹安排能力、工作态度	20 分	关闭电子分析天平开关，关闭电子分析天平门，罩好电子分析天平，恒温干燥箱断电	10 分		
			合理安排时间	5 分		
			完成时间符合要求	5 分		
总计						

技能点二　递减称量法称量一定量样品

一、工作准备

递减称量法称量一定量样品

1. 样品

NaCl。

2. 仪器和材料

（1）电子分析天平：感量 0.000 1g。

（2）称量瓶。

（3）电热鼓风干燥箱。

（4）干燥器：内装有效干燥剂，如硅胶。

（5）锥形瓶或小烧杯。

（6）纸带。

3. 技能练习要求

练习用递减称量法平行称取 2 份 0.4～0.5g 的 NaCl。

二、操作步骤

（1）放入装有样品的称量瓶。

（2）开启电子分析天平侧门，用纸带将装有样品的称量瓶置于电子分析天平秤盘中央，不应直接用手接触。并且必须轻拿轻放。记录数据 m_1。

（3）一手拿纸带取出称量瓶，另一手拿纸片捏紧瓶盖，瓶口正对自己向前倾斜，并敲击称量瓶口边缘，让样品缓慢地掉落于干燥的锥形瓶或小烧杯中，估计质量后，在瓶口轻轻敲击瓶的外壁，让样品平铺于瓶底，再放回电子分析天平秤盘中央，读数。

（4）计算取出样品的质量是否符合要求，若不符合，则反复 3～5 次，直到达到所需称量的质量范围为止。

（5）读数并记录：电子分析天平显示被取出物质的质量，数字稳定 15s 后读数，记录数据 m_2。

（6）计算取出药品的准确质量：倾出试样的质量 $m_{试样}=m_1-m_2$。

三、原始数据记录

将实验数据填入表 2-14。

表 2-14　递减称量法称量数据记录

称量瓶编号	称量瓶＋样品的质量 m_1（倾出前）/g	称量瓶＋样品的质量 m_2（倾出后）/g	倾出试样的质量（$m_{试样}=m_1-m_2$）/g
1			
2			

四、操作要点

（1）若倒入试样量不够，可重复上述操作，如倒入试样大大超过所需要数量，则只能弃去重做。

（2）盛有试样的称量瓶除放在秤盘上或用纸带拿在手中外，不得放在其他地方，以免沾污。

（3）套上或取出纸带时，不要碰到称量瓶口，纸带应放在清洁的地方。

（4）黏附在瓶口上的试样尽量处理干净，以免黏附到瓶盖上或丢失。

（5）要在接收容器的上方打开瓶盖或盖上瓶盖，以免可能黏附在瓶盖上的试样失落他处。

（6）递减称量法用于称取易吸水、易氧化或易与 CO_2 反应的物质。此称量法比较简便、快速、准确，在分析化学实验中常用来称取待测样品和基准物，是常用的一种称量法。

课堂习题

一、填空题

（1）用递减称量法称量前，应将样品装入________。

（2）计算取出药品的准确质量：倾出试样的质量为________。

（3）递减称量法用于称取________、________或________物质。该称量法比较简便、快速、准确，在分析化学实验中常用来称取待测样品和基准物，是常用的一种称量法。

二、简答题

（1）递减称量法称量样品前，应进行哪些准备工作。

（2）设计递减称量法称量样品的原始数据记录表。

任务考核

递减称量法称量操作标准及评分见表2-15。

表2-15　递减称量法称量操作标准及评分

考核要素	评分要素	配分	评分标准		扣分	得分
基本操作	准备	40分	物品摆放整齐	5分		
			正确进行仪器准备	5分		
			正确检查电子分析天平水平度	10分		
			正确完成电子分析天平调零	10分		
			正确预热电子分析天平	10分		
	称量	40分	正确使用称量瓶	20分		
			准确读数及记录	10分		
			计算取出药品的准确质量	10分		
文明操作	统筹安排能力、工作态度	20分	关闭电子分析天平开关，关闭电子分析天平门，罩好电子分析天平，恒温干燥箱断电	10分		
			合理安排时间	5分		
			完成时间符合要求	5分		
总计						

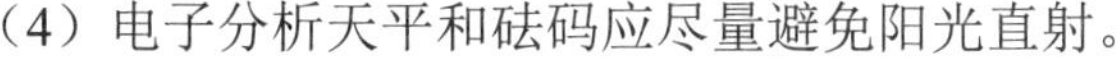

技能点三　电子分析天平的校正

一、工作准备

电子分析天平的校正

1. 校正条件

（1）检定应在稳定的环境温度下进行，一般为室温。

（2）相对湿度不大于80%。

（3）振动、大气中水汽凝结和气流及磁场等因素不得对测量结果产生影响。

（4）电子分析天平和砝码应尽量避免阳光直射。

2. 仪器和材料

（1）电子分析天平：感量0.000 1g。

（2）标正砝码（天平自带）：100g或200g。

3. 参考依据

所使用电子分析天平的使用说明书。

4. 技能练习要求

校正所用电子分析天平。

二、操作步骤

（1）开启电子分析天平前确保其水平。

（2）接通电源，预热电子分析天平，时间为2～3h，达到平衡、稳定。

（3）电子分析天平秤盘没有称量物品时应稳定地显示为0.000 0g。

（4）按CAL键，启动电子分析天平的内部校正功能，电子分析天平显示“CAL-200”闪烁。

（5）在秤盘上放置“200g”校正砝码，带过几秒后显示“200.000 0g”，说明电子分析天平已经校正完毕。

（6）如果在校正中出现错误，电子分析天平显示器将显示“Err”，显示时间很短，应该重新清零，重新进行校正。

三、原始数据记录

将实验数据填入表2-16。

表2-16　电子分析天平校正记录

天平名称			
校正时间	校正码	实测值	判定

四、操作要点

（1）电子分析天平校正在规定校正条件下进行。

（2）一般电子分析天平应3个月校正一次，保证其处于最佳状态。

课堂习题

一、填空题

（1）校正电子分析天平，接通电源，预热电子分析天平，时间大概在________之间，达到平衡、稳定。

（2）电子分析天平秤盘没有称量物品时，其显示为________。

二、简答题

（1）简述电子分析天平的构造。

（2）简述电子分析天平的校正过程。

（3）设计电子分析天平校正记录单。

任务考核

电子分析天平校正操作标准及评分见表2-17。

表2-17　电子分析天平校正操作标准及评分

考核要素	评分要素	配分	评分标准		扣分	得分
基本操作	准备	70分	物品摆放整齐	5分		
			正确进行仪器准备	5分		
			正确检查分析电子分析天平水平度	10分		
			正确完成电子分析天平调零	10分		
			正确启动电子分析天平内部校正功能	10分		
			正确校正电子分析天平	20分		
			正确选择校正砝码	10分		
文明操作	实验结果	10分	准确记录校正数据	5分		
			准确判定结果	5分		
	统筹安排能力、工作态度	20分	规范关闭电子分析天平开关，关闭电子分析天平门，罩好电子分析天平，恒温干燥箱断电	10分		
			合理安排时间	5分		
			完成时间符合要求	5分		
总计						

任务五　溶解、过滤及沉淀试样

任务描述

（1）查阅试样溶解、过滤的相关资料，熟悉滤纸的分类并掌握滤纸选择的方法。

（2）练习过滤操作，归纳、总结不同试样正确的过滤步骤。

（3）学习过滤操作的一般程序及要点。

任务要求

（1）了解滤纸的分类，掌握滤纸选择的方法。

（2）对不同试样进行正确的过滤操作。

（3）掌握过滤操作的一般程序及要点。

完成目的

（1）学习分离沉淀的基本方法。

（2）能够准确把握过滤操作的一般程序及要点。

（3）在学与做的过程中培养团队协作意识，提高与人交流、合作的能力，培养学生主动参与、积极进取、探究科学的学习态度。

知识点一　滤　纸

滤纸

滤纸由棉质纤维组成，按不同的用途而使用不同的方法制作。由于其材质是纤维制成品，因此它的表面有无数小孔可供液体粒子通过，而体积较大的固体粒子则不能通过。这种性质允许混合在一起的液态及固态物质分离。选择合适的滤纸，要考虑其硬度、过滤效率、容量及适用性4个因素。

滤纸一般可分为定性及定量两种。在分析化学的应用中，当无机化合物经过过滤分离出沉淀物后，收集在滤纸上的残余物，可用来计算实验过程中的流失率。定性滤纸经过过滤后有较多的棉质纤维生成，因此只适用于做定性分析，按照滤水速率的不同分为三种型号：101型（快速定性滤纸）、102型（中速定性滤纸）、103型（慢速定性滤纸）。定量滤纸，特别是无灰级的滤纸经过特别的处理程序，能够较有效地抵抗化学反应，因此所生成的杂质较少，可用于定量分析，定量滤纸按照滤水速率的不同分为三种型号：201型（快速定量滤纸）、202型（中速定量滤纸）、203型（慢速定量滤纸）。除了一般实验室应用滤纸外，生活上及工程上滤纸的应用也很多。咖啡滤纸就是其中一种被广泛应用的滤纸，茶包外层的滤纸则提供了高柔软度及高湿强度等特性。其他使用测试空气中悬浮粒子的空气滤纸，及应用在不同工业上的纤维滤纸等。

目前我国生产的滤纸主要有定量滤纸、定性滤纸和层析定性滤纸三类。

一、定量分析滤纸

定量滤纸用于精密计算的过滤，如测定残渣、不溶物等，一般定量滤纸过滤后，还需进入高温炉进行处理。在制造定量滤纸过程中，纸浆经过盐酸和氢氟酸处理，并经过蒸馏水洗涤，将纸纤维中大部分杂质除去，所以灼烧后残留灰分很少，对分析结果几乎不产生影响，适于进行精密定量分析。目前国内生产的定量滤纸，分快速、中速、慢速三种，根据产品滤速在滤纸盒上贴上相应的滤速标签。滤纸的外形有圆形和方形两种，圆形滤纸的规格按直径分为9cm、11cm、12.5cm、15cm和18cm数种。方形滤纸有60cm×60cm和30cm×30cm等规格。

定量滤纸用于定量化学分析中重量法分析实验和相应的分析实验。定量滤纸主要用于过滤后需要灰化称量分析实验，其每张滤纸灰化后的灰分质量是个定值，所以灼烧后残留灰分很少，对分析结果几乎不产生影响，适于做精密定量分析。

国产定量滤纸的类型及适用范围见表2-18。

表2-18　国产定量滤纸的类型及适用范围

类型	滤速/（s/100mL）	适用范围
快速	60～100	无定形沉淀，如$Fe(OH)_3$
中速	100～160	中等粒度沉淀，如$MgNH_4PO_4$
慢速	160～200	细粒状沉淀，如$BaSO_4$

国产定量滤纸的技术指标要求见表2-19。

表 2-19 国产定量滤纸的技术指标要求

项目		要求								
		优等品			一等品			合格品		
		201 型	202 型	203 型	201 型	202 型	203 型	201 型	202 型	203 型
定量	g/m^2	80.0±4.0			80.0±4.0			80.0±5.0		
分离性能	—	合格								
滤水时间	s	≤35	35～70	70～140	≤35	35～70	70～140	≤35	35～70	70～140
干耐破度 ≥	kPa	85	90	90	85	90	90	80	85	85
湿耐破度 ≥	mmH_2O	130	150	200	120	140	180	120	140	180
抗碱性 ≥	%	95.0	95.0	95.0	95.0	95.0	95.0	93.0	93.0	93.0
灰分 ≤	%	0.009			0.010			0.011		
水抽提液 pH 值	—	5.0～8.0								
D65 亮度 ≥	%	85.0								
D65 荧光亮度 ≤	%	0.5								
尘埃度 ≤ 0.2～0.3mm^2	个/m^2	70			80			90		
尘埃度 ≤ 0.3～0.7mm^2	个/m^2	8			10			12		
尘埃度 ≤ ＞0.7mm^2	个/m^2	不应有			不应有			不应有		
交货水分	%	7.0±3.0								

注：1mmH_2O＝9.8Pa。

二、定性滤纸

定性滤纸一般残留灰分较多，仅供一般的定性分析和过滤沉淀或溶液中使用，不能用于质量分析。国产定性滤纸的技术指标要求见表 2-20。

表 2-20 国产定性滤纸的技术指标要求

项目		要求								
		优等品			一等品			合格品		
		101 型	102 型	103 型	101 型	102 型	103 型	101 型	102 型	103 型
定量	g/m^2	80.0±4.0			80.0±4.0			80.0±5.0		
分离性能	—	合格								
滤水时间	s	≤35	35～70	70～140	≤35	35～70	70～140	≤35	35～70	70～140
抗张强度（纵向）≥	N/m	1 200	1 500	1 500	1 200	1 500	1 500	1 200	1 500	1 500
干耐破度 ≥	kPa	85	90	90	85	90	90	80	85	85
湿耐破度 ≥	mmH_2O	130	150	200	120	140	180	120	140	180
抗碱性 ≥	%	92.0	92.0	92.0	92.0	92.0	92.0	90.0	90.0	90.0
灰分 ≤	%	0.11			0.13			0.15		
水抽提液 pH 值	—	6.0～8.0								
D65 亮度 ≥	%	85.0								
D65 荧光亮度 ≤	%	0.5								

续表

项目			要求								
			优等品			一等品			合格品		
			101 型	102 型	103 型	101 型	102 型	103 型	101 型	102 型	103 型
尘埃度≤	0.2～0.3mm^2	个/m^2	70			80			90		
	0.3～0.7mm^2		8			10			12		
	＞0.7mm^2		不应有			不应有			不应有		
交货水分		%	7.0±3.0								

使用定量和定性分析滤纸过滤沉淀时应注意的事项。

（1）一般采用自然过滤的方法，利用滤纸体和截留固体微粒的能力，使液体和固体分离。

（2）由于滤纸的机械强度和韧性都较小，尽量少用抽滤的方法过滤。如必须加快过滤速率，为防止穿滤而导致过滤失败，在气泵过滤时，可根据抽力大小在漏斗中叠放 2～3 层滤纸；在用真空抽滤时，在漏斗上先垫一层致密滤布，上面再放滤纸过滤。

（3）滤纸最好不要过滤热的浓 H_2SO_4 或 HNO_3 溶液。

三、层析定性滤纸

层析定性滤纸主要是在纸色谱分析法中用作载体，进行待测物的定性分离。层析定性滤纸有 1 号和 3 号两种，每种又分为快速、中速和慢速 3 种。

课堂习题

填空题

（1）滤纸分为________滤纸和________滤纸两种，重量分析中常用________滤纸，又称为________滤纸。

（2）定量滤纸是用于________的过滤，如测定________、不溶物等。

知识点二　漏　　斗

一、漏斗的种类

漏斗

漏斗是一个筒形物体，被用作把液体及粉状物注入入口较细的容器，也是过滤实验中不可缺少的仪器。漏斗的种类很多，常用的有普通漏斗（图 2-6）、热水漏斗、高压漏斗、分液漏斗、布氏漏斗和安全漏斗等。按口径的大小和颈的长短，又可分成不同型号的长颈漏斗和短颈漏斗。

长颈漏斗（图 2-7）用于定量分析，过滤沉淀。其颈长为 15～20cm，漏斗锥体角应为 60°，颈的直径要小些，一般为 3～5mm，以便在颈内保留水柱，出口处磨成 45°角。承接滤液的烧杯，其内壁应与漏斗颈末端接触，以防止滤液溅失。在化学实验中，长颈漏斗也用于随时添加液体药品。

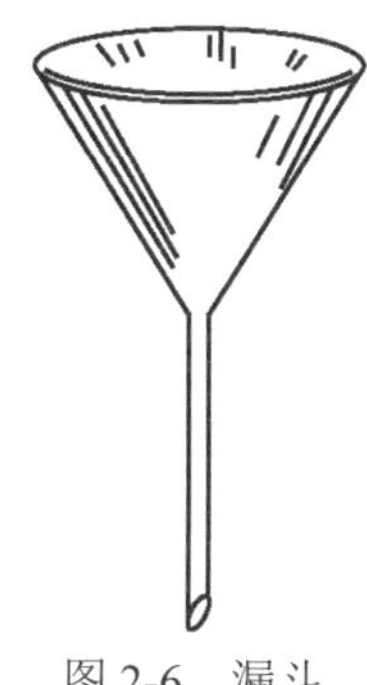
图 2-6　漏斗

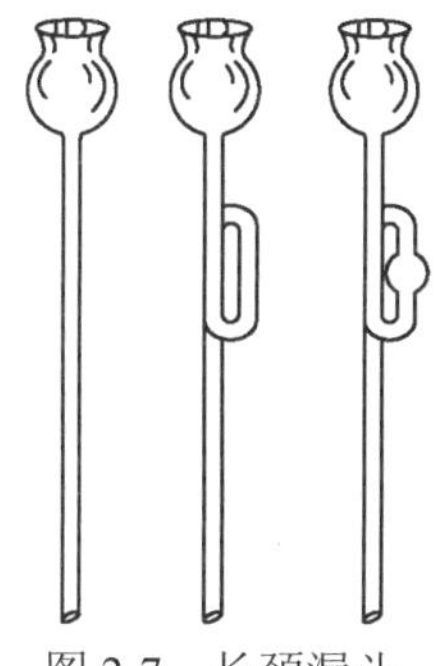
图 2-7　长颈漏斗

短颈漏斗用于一般热过滤，既然是热过滤，就要保持滤液的温度，若使用长颈漏斗过滤，则沿颈下落的溶液会降温，达不到热过滤的效果。

分液漏斗（图 2-8），用于控制添加液体药品的速率，还可用于分液。分液漏斗分为球形、梨形和筒形等多种样式。球形分液漏斗的颈较长，多用于制气装置中滴加液体的仪器，梨形分液漏斗的颈比较短，常用于萃取操作的仪器。

布氏漏斗（图 2-9）和抽滤装置合用，以加快过滤速率。过滤时，漏斗中要装入滤纸。滤纸有许多种，根据过滤的不同要求可选用不同的滤纸，并根据漏斗的尺寸购买相应尺寸的滤纸。

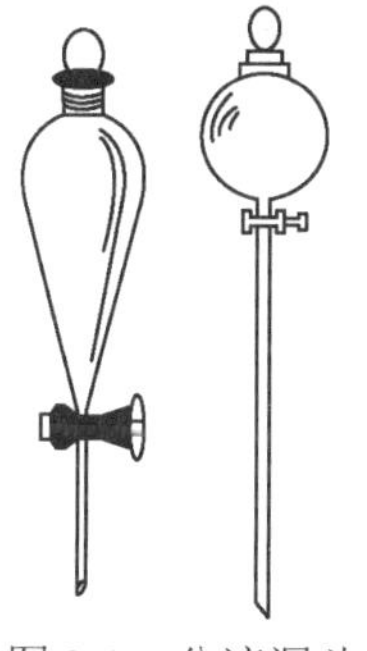
图 2-8　分液漏斗

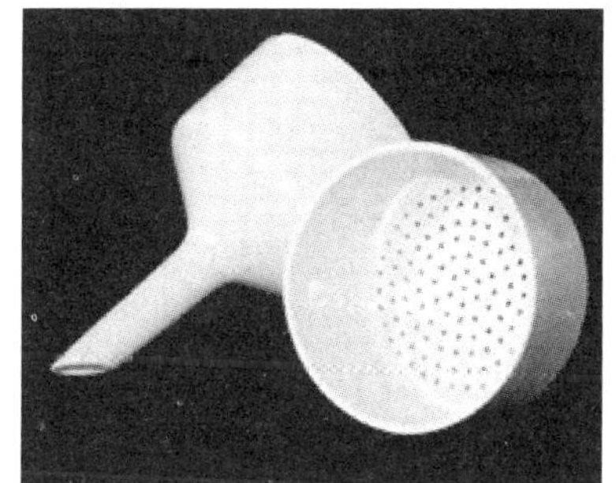
图 2-9　布氏漏斗

二、漏斗的使用方法

（1）将滤纸对折，连续两次，叠成圆心角 90°形状。

（2）把叠好的滤纸，按一侧三层，另一侧一层打开，呈漏斗状。

（3）把漏斗状滤纸装入漏斗内，滤纸边要低于漏斗边，向漏斗口内倒一些清水，使浸湿的滤纸与漏斗内壁贴靠，再把余下的清水倒掉，待用。

（4）将装好滤纸的漏斗安放在过滤用的漏斗架上（如铁架台的圆环上），在漏斗颈下放接纳过滤液的烧杯或其他容器，并使漏斗颈尖端靠于接纳容器的壁上，为了防止液体飞溅。

（5）向漏斗里注入需要过滤的液体时，右手持盛液烧杯，左手持玻璃棒，玻璃棒下端靠紧三层滤纸处，烧杯杯口紧贴玻璃棒，待滤液体沿杯口流出，再沿玻璃棒顺势流入漏斗内。注意，流到漏斗里的液体的液面高度不能超过滤纸高度。

（6）当液体经过滤纸，沿漏斗颈流下时，要检查一下液体是否沿杯壁顺流而下，注到杯底。如果没有，应该移动烧杯或旋转漏斗，使漏斗尖端与烧杯壁贴牢，就可以使液体顺杯壁下流了。

课堂习题

填空题

（1）漏斗是过滤实验中不可缺少的仪器，漏斗的种类很多，常用的有普通漏斗、________、高压漏斗、________和安全漏斗等。

（2）布氏漏斗和抽滤装置合用，可以________过滤速率。

知识点三　坩　　埚

坩埚是一种重要的化学仪器，是用极耐火的材料（如黏土、石墨、瓷土或较难熔化的金属）所制的器皿或熔化罐。根据坩埚的所用的原料不同，可将坩埚分为瓷坩埚（图 2-10）、砂芯坩埚、铁坩埚、镍坩埚、银坩埚、铂坩埚（图 2-11）、聚四氟乙烯坩埚。

坩埚

图 2-10　瓷坩埚

图 2-11　铂坩埚

当以大火加热固体时，就必须使用坩埚。因为它比玻璃器皿更能承受高温。使用坩埚时通常会将坩埚盖斜放在坩埚上，以防止受热物跳出，并让空气能自由进出以进行氧化反应。坩埚因其底部很小，一般需要架在泥三角上才能以火直接加热。坩埚在泥三脚架上正放或斜放皆可，视实验的需求可以自行安置。坩埚加热后不可立刻将其置于冷的金属桌面上，以避免它因急剧冷却而破裂，也不可立即放在木质桌面上，以免烫坏桌面或是引起火灾。正确的做法为将其留置在泥三脚架上自然冷却，或是放在石棉网上令其慢慢冷却。

一、坩埚的主要用途

（1）溶液的蒸发、浓缩或结晶。

（2）灼烧固体物质。

二、坩埚使用的注意事项

（1）坩埚可直接加热，加热后不能骤冷，需用坩埚钳取下。

（2）坩埚受热时应放在泥三角上。

（3）坩埚蒸发时要搅拌，将近蒸干时应用余热蒸干。

（4）坩埚用后应放置在干燥处，避免水汽侵入；使用前须缓慢烘烤到500℃方可使用。

（5）应根据坩埚容量加料，忌内容物挤得太紧，以免金属发生热膨胀胀裂坩埚。

（6）从坩埚中取出金属溶液时，最好用勺子舀出，尽量少用卡钳，若用卡钳等工具应与坩埚形状相符，避免局部受力过大而缩短其使用寿命。

（7）坩埚的使用寿命与其用法有关，应避免强氧化火焰直接喷射到坩埚上，而使坩埚原料氧化而缩短使用寿命。

课堂习题

填空题

（1）坩埚是化学仪器的重要组成部分，当固体要以大火加热时，就必须使用________，因为它比玻璃器皿更能承受高温。

（2）坩埚可直接加热，但加热后不能________，否则易使坩埚炸裂。

知识点四　试样的溶解及沉淀

一、试样溶解

试样的溶解及沉淀

溶解是一种物质（溶质）分散于另一种物质（溶剂）中成为溶液的过程，如食盐或蔗糖溶解于水而形成水溶液。具体操作：将样品置于烧杯中，沿杯壁加溶剂，盖上表面皿，轻轻摇动，必要时可加热促使其溶解，但温度不可太高，以防溶液溅失，溶解完成后，冲洗表面皿凸面（图2-12）。

如果样品需要用酸溶解且有气体放出，应先在样品中加少量水调成糊状，盖上表面皿，从烧杯嘴处注入溶剂，待溶解完成后，用洗瓶冲洗表皿凸面并使之流入烧杯内。

图2-12　冲洗表面皿

二、样品沉淀

沉淀是将溶液中的目的产物或主要杂质以无定型固相形式析出再进行分离的单元操作。称量分析对沉淀的要求是尽可能完全和纯净，为了达到这个要求，应该按照沉淀的不同类型选择不同的沉淀条件，如沉淀时溶液的体积、温度，加入沉淀剂的浓度、数量、加入速率、搅拌速率、放置时间等。因此，必须按照规定的操作步骤进行。

一般进行沉淀操作时，左手拿滴管，滴加沉淀剂，右手持玻璃棒不断搅动溶液，搅动时玻璃棒不要碰烧杯壁或烧杯底，以免划损烧杯。溶液需要加热时，一般在水浴或电热板上进行，沉淀后应检查沉淀是否完全，具体检查方法：待沉淀下沉后，在上层澄清液中，沿杯壁加一滴沉淀剂，观察滴落处是否出现浑浊，无浑浊出现表明已沉淀完全，如出现浑浊，需再补加沉淀剂，直至再次检查时上层清液中不再出现浑浊为止，然后盖上表面皿。

课堂习题

填空题

（1）一般进行沉淀操作时，左手拿________，滴加沉淀剂，右手持________不断搅动溶液，搅动时玻璃棒不要碰烧杯壁或烧杯底，以免划损烧杯。

（2）沉淀后应检查________是否完全，检查的方法是：待沉淀下沉后，在上层________中，沿杯壁加一滴________，观察滴落处是否出现浑浊，无浑浊出现表明已沉淀完全。

技能点　过　　滤

一、工作准备

过滤

1. 试剂

$Na_2S_2O_3$ 溶液。

2. 仪器和材料

（1）漏斗。

（2）滤纸。

（3）铁架台（带铁圈）。

（4）烧杯。

3. 技能练习要求

$Na_2S_2O_3$ 溶液的过滤。

二、操作步骤

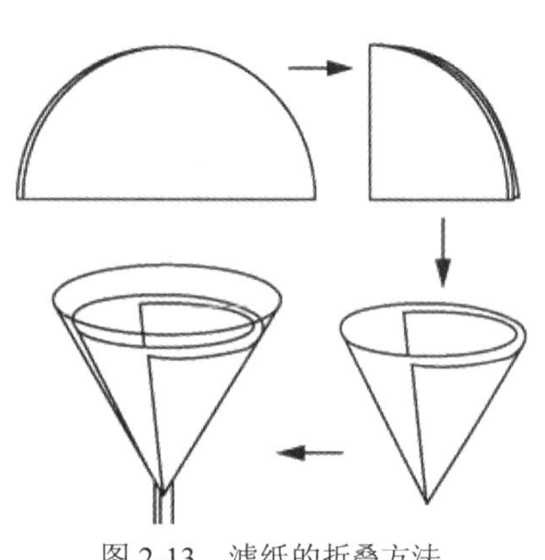
图 2-13　滤纸的折叠方法

（1）将铁圈固定在铁架台上，取一张完好的干滤纸对折两次，一面一层、一面三层打开，放入洗干净的漏斗中，滤纸的大小应低于漏斗边缘 0.5～1cm，若高出漏斗边缘，可剪去一圈。观察折好的滤纸是否能与漏斗内壁紧密贴合，若未贴合紧密，可以适当改变滤纸折叠角度，直至与漏斗贴紧后把第二次的折边折紧。在滤纸紧贴漏斗的内壁加少量的离子水。折叠滤纸的手要洗净擦干，滤纸的折叠方法如图 2-13 所示。

（2）把装有滤纸的漏斗放到铁架台上。漏斗下再放一个干净的烧杯，使漏斗的尖嘴靠紧烧杯的内壁。

（3）用玻璃棒的一端靠在滤纸的三层处，帮助引流，如图 2-14 所示。将 $Na_2S_2O_3$ 溶液从玻璃棒的另一端，沿着玻璃棒流入漏斗中。漏斗中的液面不高于滤纸边缘。

（4）倒完后再加入去离子水将杯壁内的滤渣清洗几次，然后借助玻璃棒倒入漏斗中过滤。等到漏斗的尖嘴不再滴出滤液就完成了。

（5）将用过的烧杯等清洗干净，并擦干净之后放回原来的位置。

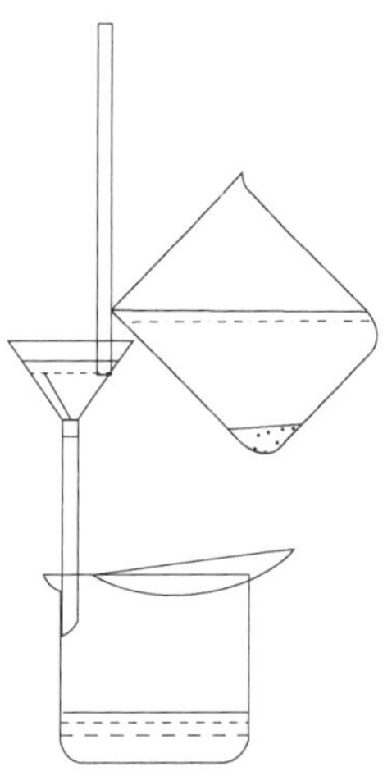

图 2-14　用玻璃棒引流

三、操作要点

（1）一贴：滤纸紧贴漏斗内壁，可防止滤液从滤纸和漏斗之间的缝隙流出，影响过滤的效果。

（2）二低：滤纸边缘低于漏斗边缘，防止滤纸边缘吸水后变软、变形，导致滤纸破损，影响过滤的效果；漏斗中的液面低于滤纸边缘，若滤液高于滤纸边缘会使滤液直接从滤纸与漏斗的空隙中流出，影响过滤效果。

（3）三靠：倾倒液体的烧杯口紧靠玻璃棒；玻璃棒的末端紧靠三层滤纸一边，防止玻璃棒戳破滤纸影响过滤效果；漏斗末端尖嘴紧靠接滤液的烧杯内壁，可防止液体飞溅。

课堂习题

填空题

（1）过滤 $Na_2S_2O_3$ 溶液须准备的仪器包括________、________、________和________。

（2）过滤时，滤纸紧贴________内壁，可防止________从滤纸和漏斗之间的缝隙流出，影响过滤的效果。

任务考核

过滤操作标准及评分见表 2-21。

表 2-21　$Na_2S_2O_3$ 溶液过滤操作标准及评分

考核要素	评分要素	配分	评分标准		扣分	得分
基本操作	准备	20 分	准备充分，摆放整齐	20 分		
	过滤操作	65 分	正确折叠滤纸	15 分		
			滤纸与漏斗的贴合程度符合要求	15 分		
			正确将漏斗的尖嘴靠紧烧杯的内壁	15 分		
			正确使用玻璃棒引流	15 分		
			清洗仪器结晶	5 分		
	统筹安排能力、工作态度	15 分	整体安排合理	10 分		
			完成时间符合要求	5 分		
总计						

任务六　蒸馏和分馏操作

任务描述

（1）查阅试样蒸馏和分馏的相关资料，熟悉蒸馏和分馏的一般原理及分类。

（2）练习减压蒸馏操作，归纳、总结蒸馏操作的一般步骤及要点。

（3）学习选择蒸馏或分馏的方法，正确安装蒸馏或分馏装置。

任务要求

（1）了解蒸馏和分馏的一般原理及分类。

（2）掌握蒸馏、分馏操作的一般程序及要点。

完成目的

（1）学习蒸馏和分馏的基本方法。

（2）准确掌握蒸馏和分馏操作的一般程序及要点。

（3）在学与做的过程中培养团队协作意识，提高与人交流、合作的能力，培养学生主动参与、积极进取、探究科学的学习态度。

知识点一　蒸　馏

蒸馏是指利用液体混合物中各组分挥发性的差异而将组分分离的传质过程，也是将液体沸腾产生的蒸气导入冷凝管，使之冷却凝结成液体的一种蒸发、冷凝的过程。蒸馏是分离沸点相差较大的混合物的一种重要的操作技术，尤其是对于液体混合物的分离有重要的实用意义，即蒸馏条件：①液体是混合物；②各组分沸点不同。

蒸馏

一、普通蒸馏

（一）基本原理

1. 蒸馏原理

以分离双组分混合液为例，蒸馏时将料液加热使它们部分汽化，易挥发组分在蒸气中得到增浓，难挥发组分在剩余液中也得到增浓，因而实现了两组分的分离。蒸馏可将易挥发和不易挥发的物质分离开来，也可将沸点不同的液体混合物分离开来。但液体混合物各组分的沸点必须相差很大（至少30℃以上）才能得到较好的分离效果。在常压下进行蒸馏时，由于大气压往往不是恰好为0.1MPa，因而严格说，应对观察到的沸点加上校正值，但由于偏差一般都很小，即使大气压相差2.7kPa，这项校正值也不过±1℃左右，因此可以忽略不计。

2. 蒸馏过程

纯粹的液体有机化合物在一定的压力下具有一定的沸点，但是具有固定沸点的液体不一定都是纯粹的化合物，因为某些有机化合物常和其他组分形成二元或三元共沸混合物，它们也有一定的沸点。不纯物质的沸点则要取决于杂质的物理性质及它和纯物质间的相互作用。假如杂质是不挥发的，则溶液的沸点比纯物质的沸点略有提高（但在蒸馏时，实际测量的并不是不纯溶液的沸点，而是逸出蒸气与其冷凝平衡时的温度，即是馏出液的沸点而不是瓶中蒸馏液的沸点）。若杂质是挥发性的，则蒸馏时液体的沸点会逐渐升高或者由于两种或多种物质组成了共沸点混合物，在蒸馏过程中温度可保持不变，停留在某一范围内。因此，沸点的恒定，并不意味着它是纯粹的化合物。

蒸馏沸点差别较大的混合液体时，沸点较低者先蒸出，沸点较高的随后蒸出，不挥发的留在蒸馏器内，这样，可达到分离和提纯的目的。故蒸馏是分离和提纯液态化合物常用的方法之一，是重要的基本操作，必须熟练掌握。但在蒸馏沸点比较接近的混合物时，各种物质的蒸气将同时蒸出，只不过低沸点的物质多一些，故难于达到分离和提纯的目的，只好借助于分馏。纯液态化合物在蒸馏过程中沸程范围很小（0.5～1℃）。所以，蒸馏可以利用来测定沸点。用蒸馏法测定沸点的方法为常量法，此法样品用量较大，要10mL 以上，若样品不多时，应采用微量法。

（二）蒸馏装置

蒸馏装置由蒸馏烧瓶（或圆底烧瓶和蒸馏头）、温度计、冷凝管（直形或空气冷凝管）、接引管、接收器组成（图 2-15）。

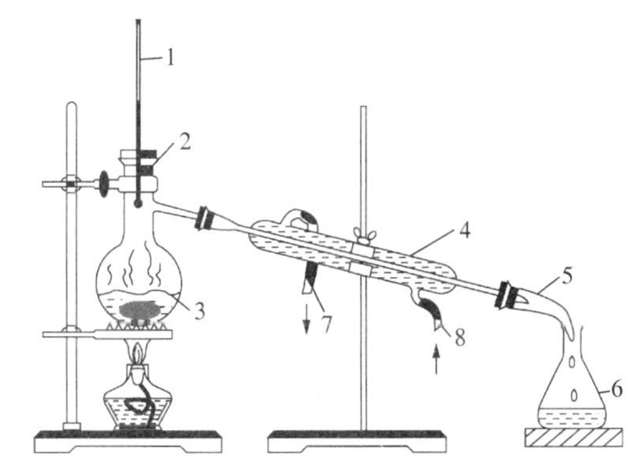

1. 温度计；2. 蒸馏套管；3. 圆底烧瓶；4. 冷凝管；5. 接引管；
6. 接收器（锥形瓶）；7. 出水口；8. 进水口。

图 2-15　蒸馏装置

仪器安装时必须遵守的基本原则：先下后上、先左后右。安装时先放置加热源，然后安装蒸馏烧瓶，插上蒸馏套管，再装上温度计，调整温度计的位置，使温度计水银（汞）球的上缘与蒸馏头支管的下缘在同一水平线上（保证蒸馏时水银球能完全被蒸汽包围，以准确测量蒸汽的温度）。安装冷凝管，使冷凝管和蒸馏头支管在同一条轴线上，用铁夹固定冷凝管，铁夹应夹在冷凝管的重心处（冷凝管应进水口向下，出水口向上），保证管内充满冷却水。铁夹不应太紧或太松，内垫橡皮等软性物质。冷凝管末端连上接液管和接收器，接液管和接收器应与外界大气相通，不能形成密闭体系，否则易发生爆炸。

整套装置应严密、稳固、美观，从正面或侧面看都在同一个平面上。

（三）蒸馏操作

1. 操作过程

1）加料

将待蒸馏液通过玻璃漏斗小心倒入蒸馏瓶中，要注意不使液体从支管流出。加入几粒助沸物，安装好温度计，温度计应安装在通向冷凝管的侧口部位，再一次检查装置的各部分连接是否紧密和妥善。

2）加热

用水冷凝管时，先由冷凝管下口缓缓通入冷水，自上口流出引至水槽中，然后开始加热。加热时可以看见蒸馏瓶中的液体逐渐沸腾，蒸汽逐渐上升。温度计的读数也略有上升。当蒸汽的顶端到达温度计水银球部位时，温度计读数就急剧上升。这时应适当调小煤气灯的火焰或降低加热电炉或电热套的电压，使加热速率略为减慢，蒸汽顶端停留在原处，使瓶颈上部和温度计受热，让水银球上液滴和蒸汽温度达到平衡。然后再稍稍加大火焰，进行蒸馏。控制加热温度，调节蒸馏速率，通常以每秒 1～2 滴为宜。在整个蒸馏过程中，应使温度计水银球上常有被冷凝的液滴。此时的温度即为液体与蒸汽平衡时的温度，温度计的读数就是液体（馏出物）的沸点。蒸馏时加热的火焰不能太大，否则会在蒸馏瓶的颈部造成过热现象，使一部分液体的蒸汽直接受到火焰的热量，这样由温度计读得的沸点就会偏高；另一方面，蒸馏也不能进行得太慢，否则由于温度计的水银球不能被馏出液蒸汽充分浸润使温度计上所读得的沸点偏低或不规范。

3）观察沸点及收集馏液

进行蒸馏前，至少要准备两个接收瓶。因为在达到预期物质的沸点之前，带有沸点较低的液体先蒸出。这部分馏液称为“前馏分”或“馏头”。前馏分蒸完，温度趋于稳定后，蒸出的就是较纯的物质，这时应更换一个洁净干燥的接收瓶接收，记下这部分液体开始馏出时和最后一滴时温度计的读数，即是该馏分的沸程（沸点范围）。一般液体中或多或少地含有一些高沸点杂质，在所需要的馏分蒸出后，若再继续升高加热温度，温度计的读数会显著升高，若维持原来的加热温度，就不会再有馏液蒸出，温度会突然下降。这时就应停止蒸馏。即使杂质含量极少，也不要蒸干，以免蒸馏瓶破裂及发生其他意外事故。

4）蒸馏完毕

蒸馏完毕，应先停止加热，然后停止通水，拆下仪器。拆除仪器的顺序和装配的顺序相反，先取下接收器，然后拆下尾接管、冷凝管、蒸馏头和蒸馏瓶等。

2. 注意事项

（1）在蒸馏烧瓶中可放少量碎瓷片，防止液体暴沸。

（2）温度计水银球的位置应与支管口下端位于同一水平线上。

（3）蒸馏烧瓶中所盛放液体不能超过其容积的 2/3，也不能少于 1/3。

（4）冷凝管中冷却水从下口进，上口出。

（5）加热温度不能超过混合物中沸点最高物质的沸点。

（6）控制好加热温度。如果采用加热浴，加热浴的温度应当比蒸馏液体的沸点高出若干度，否则难以将被蒸馏物蒸馏出来。加热浴温度比蒸馏液体沸点高出的越多，蒸馏速率越快。但是，加热浴的温度也不能过高，否则会导致蒸馏瓶和冷凝器上部的蒸气压超过大气压，有可能产生事故，特别是在蒸馏低沸点物质时尤其需注意。一般地，加热浴的温度不能比蒸馏物质的沸点高出 30℃。整个蒸馏过程要随时添加浴液，以保持浴液液面超过瓶中的液面至少 1cm。

（7）蒸馏高沸点物质时，由于易被冷凝，往往蒸汽未到达蒸馏烧瓶的侧管处即已经被冷凝而滴回蒸馏瓶中。因此，应选用短颈蒸馏瓶或者采取其他保温措施等，保证蒸馏顺利进行。

（8）蒸馏之前，必须了解被蒸馏的物质及其杂质的沸点和饱和蒸汽压，以决定何时（即在什么温度时）收集馏分。

（9）蒸馏烧瓶应当采用圆底烧瓶。

二、水蒸气蒸馏

水蒸气蒸馏是指含有挥发性成分的植物材料与水共蒸馏，使挥发性成分随水蒸气一并馏出，经冷凝分取挥发性成分的浸提方法。该法适用于具有挥发性、能随水蒸气蒸馏而不被破坏、在水中稳定且难溶或不溶于水的植物活性成分的提取。

（一）基本原理

水蒸气蒸馏是分离、提纯有机化合物的重要方法之一，尤其适用于混有大量固体、树脂状或焦油状杂质的有机物，也适用于沸点较高，常压蒸馏时易分解的有机物。

当水与不溶于水的有机物共热时，其液面上的蒸汽压等于各组分单独存在时的蒸汽压之和，即 $p_{混合物}=p_{水}+p_{有机物}$。当两者的饱和蒸汽压之和等于外界大气压时，混合物开始沸腾，这时的温度为它们的沸点，该沸点必定比混合物中任何一组分的沸点都低，因此，常压下应用水蒸气蒸馏，能在低于 100℃的情况下将高沸点组分与水一起蒸出来。蒸馏时，混合物沸点保持不变，直到有机物全部随水蒸出，温度才会上升至水的沸点。例如，常压下苯胺的沸点为 184.4℃，当用水蒸气蒸馏时，苯胺水溶液的沸点为 98.4℃，此时，苯胺的饱和蒸气压为 5.60kPa（42mmHg），水为 95.72kPa（718mmHg），两者之和为 101.32kPa（760mmHg），等于大气压。水蒸气与苯胺蒸气同时被蒸出，在蒸出气体的冷凝液中，有机物与水的质量比等于各自的饱和蒸气压与摩尔质量乘积之比。

$$\frac{m_{有机物}}{m_{水}}=\frac{p^0_{有机物}\times M_{有机物}}{p^0_{水}\times M_{水}}$$

式中，$m_{有机物}$、$m_{水}$——有机物、水的质量；

$p^0_{有机物}$、$p^0_{水}$——沸腾温度下有机物、水的饱和蒸气压；

$M_{有机物}$、$M_{水}$——有机物、水的摩尔质量。以苯胺水蒸气蒸馏为例，苯胺与水的质量比为

$$\frac{m_{苯胺}}{m_{水}}=\frac{5.6\text{kPa}\times 93\text{g/mol}}{95.73\text{kPa}\times 18\text{g/mol}}\approx\frac{1}{3.3}$$

也就是说，每蒸出 3.3g 水可带出 1g 苯胺，即馏出液中苯胺的质量分数约为 23%。

上述关系式只适用于不溶于水的化合物，然而在水中完全不溶的化合物是没有的，因此，这种计算只得到理论上的近似值。由于苯胺微溶于水，故而它在馏出液中实际的含量比理论值低。

（二）水蒸气蒸馏装置

水蒸气蒸馏装置一般由水蒸气发生器和蒸馏装置（蒸馏部分、接收部分）两部分组成（图 2-16）。

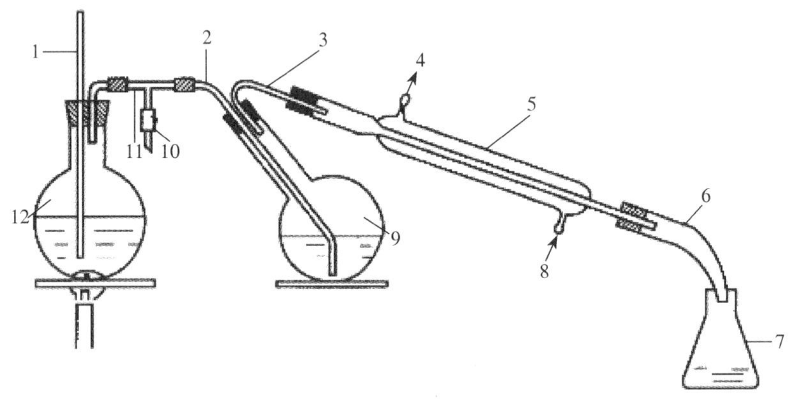

1．安全管；2．水蒸气导管；3．馏出液导管；4．出水口；5．冷凝管；6．接收管；7．接收瓶；8．入水口；9．长颈圆底烧瓶；10．螺旋夹；11．T 形管；12．水蒸气发生器。

图 2-16　水蒸气蒸馏装置（普通仪器）

水蒸气发生器通常为金属制容器（也可用圆底烧瓶代替）。在发生器的上端插入长 1m、内径 5mm 的玻璃管作为安全管。安全管下端接近容器底部，在正常操作时，保持水蒸气有一定压力，以便进行水蒸气蒸馏；当水蒸气压力超过安全管内水柱的压力时，水冲出管，泄压，从而保证整个装置的安全。安全管内水柱的高度有指示压力的作用。发生器的侧面装有玻璃水位管以观察容器内水平面，发生器内盛水量以其容量的 3/4 为宜，如果太满，沸腾时水将冲至长颈烧瓶中，太少则不够用。

蒸馏部分通常由长颈圆底烧瓶和直形冷凝管等组成。长颈圆底烧瓶的容量通常在 500mL 以上，烧瓶内的液体不超过溶剂的 1/3，烧瓶与桌面呈 45°斜放，以防止蒸馏时飞溅的液沫被水蒸气带出而沾污馏出液。用铁夹夹住烧瓶，烧瓶口装有双孔软木塞，一孔插入水蒸气导管，其外径不小于 7mm，以保证水蒸气畅通，末端正对着烧瓶底部，距底部 8～10mm，以利于水蒸气和被蒸馏物质充分接触，并起搅动作用；另一孔插入馏出液导管外径略粗一些，约为 10mm，以利于水蒸气和有机物蒸气通畅地进入冷凝管，避免蒸气导出受阻而增加长颈圆底烧瓶烧瓶中的压力。馏出液导管弯成 30°，连接烧瓶的一端应尽可能短一些，插入双孔软木塞后露出约 5mm；通入冷凝管的一端则允许稍长一些，可起部分冷凝作用。为使馏出液充分冷却，宜采用直形冷凝管，冷却水的流速也宜大一些。

水蒸气发生器的支管与水蒸气导管之间要连一根 T 形管，在其支管上套一段短橡皮管，用螺旋夹夹紧。T 形管可除去水蒸气中冷凝的水，同时当系统受热、压力升高或发生其他意外时，也可打开螺旋夹，使系统与大气相通。

图 2-17 是使用标准磨口仪器时的水蒸气蒸馏装置。

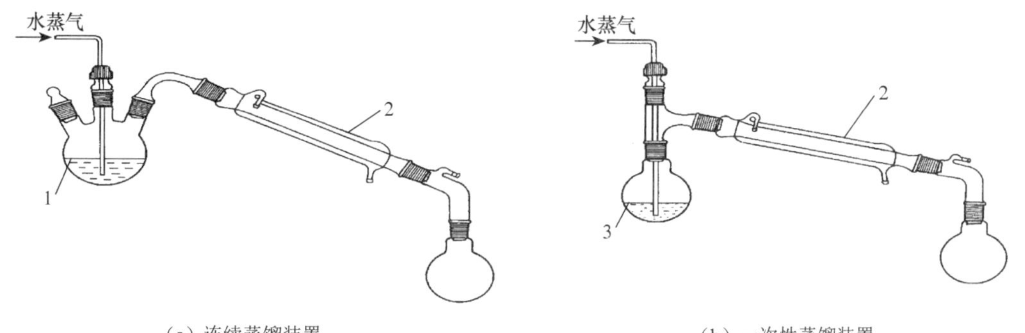

（a）连续蒸馏装置　　（b）一次性蒸馏装置

1. 三颈圆底烧瓶；2. 冷凝管；3. 圆底烧瓶。

图 2-17　水蒸气蒸馏装置（标准磨口仪器）

（三）水蒸气蒸馏操作

操作前，应检查水蒸气蒸馏装置，确保其严密不漏气。将要蒸馏的物质倒入烧瓶，其量约为烧瓶容量的 1/3。开始蒸馏时，应先打开 T 形管上的螺旋夹，用火直接加热水蒸气发生器，当有蒸气从 T 形管冲出时，旋紧螺旋夹，使水蒸气通入烧瓶。水蒸气同时起加热、搅拌物料和带出有机物蒸气的作用。当冷凝管中出现浑浊液滴时，调节火焰，使馏出液的速率为 2～3 滴/s。为使水蒸气不在烧瓶中过多冷凝，特别是在室温较低时，可用小火加热烧瓶。蒸馏时应随时注意安全管中水柱的高度，防止系统堵塞。一旦发生水柱不正常上升或烧瓶中的液体有倒吸现象，应立刻打开螺旋夹，移去火焰，找出发生故障的原因，并予以排除，方可继续蒸馏。当馏出液澄清透明，不再有油滴时，即可停止蒸馏。这时，要先松开 T 形管的螺旋夹，再移去火焰，以防烧瓶中的液体倒吸。

如果只需少量水蒸气就可把有机物全部蒸出，可以省去水蒸气发生器，只要将有机物与水一起加入蒸馏瓶内，再加几粒沸石，接通冷凝管的冷却水，在石棉网上用煤气灯加热就可将有机物与水一并蒸馏出来，也可用简易水蒸气蒸馏装置进行水蒸气蒸馏。

三、减压蒸馏

（一）基本原理

液体沸腾时的温度与外界压力有关，且随外界压力的降低而降低。如果用一个真空泵（水泵或油泵）与蒸馏装置相连接成为一个封闭系统，使系统内的压力降低，就可以在较低的温度下进行蒸馏，这就是减压蒸馏，或称真空蒸馏。它是分离、提纯液体或低熔点固体有机物的一种重要方法，特别适用于在常压蒸馏时未达到沸点即已受热分解、氧化或聚合的物质。

减压蒸馏时液体在一定压力下的沸点可从手册或文献中查得，也可通过图 2-18 所示的沸点-压力经验关系图近似地推算出。列线图具体使用方法：①从系统压力标尺（z）上查出压力计所示读数点 Z，假设为 133.3Pa（1mmHg）。②在该压力下观察到的沸点为 70℃，从减压沸点标尺（x）上找到此点 X。③用直尺连接 X、Z 两点，得该直线与常压沸点标尺（y）的交点 Y，即为该化合物在常压下的沸点，为 240℃。

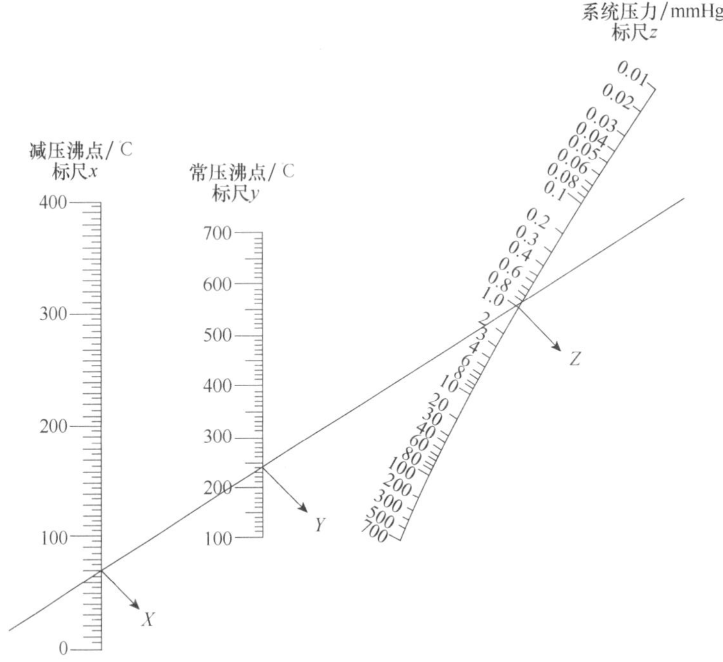

图 2-18　沸点-压力列线图

或者已知某化合物在常压下的沸点，则需先在标尺 y 上找出该温度点 Y，再从标尺 z 上找到减压状况的压力读数点 Z，连接 Y、Z 两点做直线并延长至标尺 x，得到交点 X，即为该化合物在相应减压条件下的沸点。用列线图解法得到的沸点为近似值，在实验中具有一定的参考价值，但此法对于液体有高度缔合作用的化合物缺乏准确性。

（二）减压蒸馏装置

完整的减压蒸馏装置包括蒸馏、抽气（减压）及在它们中间的保护和测压装置，如图 2-19 所示。整套装置须用厚壁仪器，否则由于受力不匀，易发生炸裂等事故。

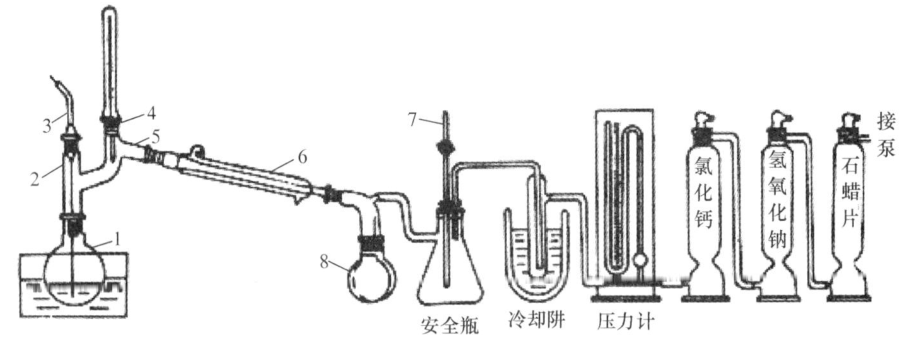

1．蒸馏烧瓶；　2．毛细管；3．带螺旋夹的橡皮管；4．温度计套管；5．克氏蒸馏头；6．冷凝管；7．带旋塞的双通管；8．接收瓶。

图 2-19　减压蒸馏装置

1. 蒸馏装置

蒸馏装置由克氏蒸馏烧瓶（或由圆底烧瓶与克氏蒸馏头相连）、冷凝管、接收瓶组成。

克氏蒸馏头带支管的一颈插温度计（温度计位置与普通蒸馏装置相同）；另一颈插入一根毛细管，毛细管的下端离瓶底 1～2mm，上端接一短橡皮管并装上螺旋夹。在减压抽气时，空气由毛细管进入烧瓶呈微小气泡冒出，作为液体沸腾中心，使沸腾平稳，防止暴沸，同时也起到搅拌作用。

接收器通常用圆底烧瓶，不能用平底烧瓶或锥形瓶，因为它们不耐压，在减压抽气时会爆炸。蒸馏时，若要收集不同馏分而不中断蒸馏，则可用多头接引管，使用时转动接引管使各馏分分别收集在不同的接收器中（图 2-20）。

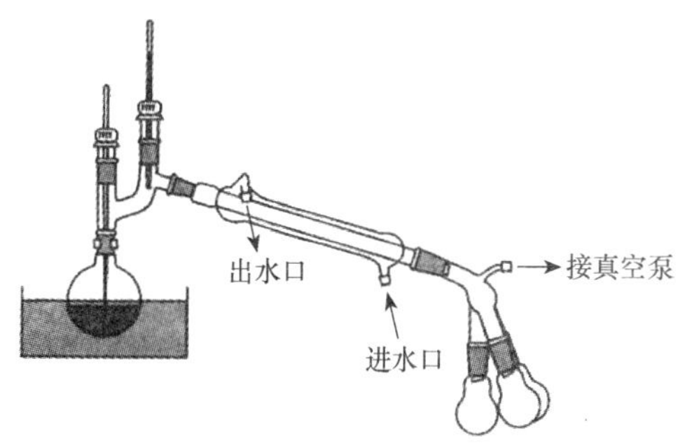

图 2-20　减压蒸馏尾引装置

减压蒸馏所选用的热浴最好是水浴或油浴，以使加热均匀平稳，切勿使用煤气灯直接加热。根据选定压力时馏出液的沸点选用合适的冷凝管（直形管或空气冷凝管）。如果待蒸馏液的量较少而馏出液的沸点很高或是蒸馏低熔点固体，也可不用冷凝管而将克氏蒸馏头支管直接通过真空接引管与接收器相连。如果是高温蒸馏，为减少散热，要用玻璃棉或其他绝热材料将克氏蒸馏头缠绕起来。如果减压下液体沸点低于 150℃，要用冷水浴冷却接收器。

在整个减压蒸馏装置中都应在磨口接头处涂上薄薄一层真空油脂（或凡士林）以防漏气（不宜涂多，否则会沾污馏出液）。

2. 抽气（减压）装置

实验室通常用水泵和油泵进行抽气减压。水泵（图 2-21）由玻璃或金属制作，它能使系统压力降低到 2.00～3.33kPa（15～25mmHg）。为防止水压突然下降造成倒吸而沾污产物，必须在水泵和蒸馏系统之间装上安全瓶。停止使用时，应先打开安全瓶活塞，使系统与大气相通，再关水泵。现在还有一种更方便、实用的循环水真空泵可代替简单的水泵。用水泵减压的蒸馏装置如图 2-22 所示。

图 2-21　水泵

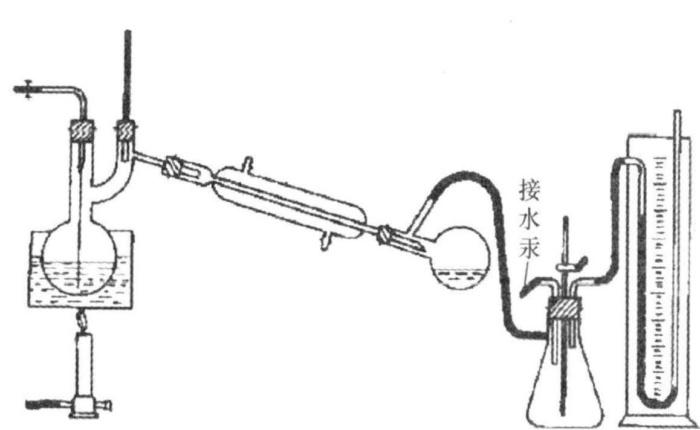

图 2-22　水泵减压蒸馏装置

课堂习题

填空题

（1）蒸馏是将________态物质加热至沸，使之________化，然后将________冷凝为________的过程。

（2）水蒸气蒸馏装置一般由________和________两部分组成。

（3）减压蒸馏又称为________，是________、________或________有机物的一种方法。

知识点二　分　　馏

一、基本原理

分馏

利用分馏柱（工业上用分馏塔），使沸点相差较小的液体混合物进行多次部分汽化和冷凝，以分离不同组分的操作过程称为分馏，又称分级蒸馏或精馏。它是分离、提纯沸点相近的液体混合物的常用方法。当今最精密的分馏设备已能分离沸点相差1～2℃的液体混合物。

用分馏柱进行分馏，被分馏的溶剂在蒸馏瓶中沸腾后，蒸气从圆底烧瓶蒸发进入分馏柱，在分馏柱中部分冷凝成液体。此液体中由于低沸点成分的含量较多，因此其沸点也就比蒸馏瓶中的液体温度低。当蒸馏瓶中的另一部分蒸气上升至分馏柱中时，便和这些已经冷凝的液体进行热交换，使它重新沸腾，而上升的蒸气本身则部分地被冷凝，因此，又产生了一次新的液体-蒸气平衡，结果在蒸气中的低沸点成分又有所增加。这一新的蒸气在分馏柱内上升时，又被冷凝成液体，然后再与另一部分上升的蒸气进行热交换而沸腾。由于上升的蒸气不断地在分馏柱内冷凝和蒸发，而每一次的冷凝和蒸发都使蒸气中低沸点的成分不断提高。因此，蒸气在分馏柱内的上升过程中，类似于经过反复多次的简单蒸馏，使蒸气中低沸点的成分逐步提高。

由此可见，在分馏过程中分馏柱是关键的装置，如果选择适当的分馏柱，就可以在分馏柱的顶部出来蒸气，经冷凝后所得到的液体，可能是纯的低沸点成分或者是低沸点占主要成分的流出物。

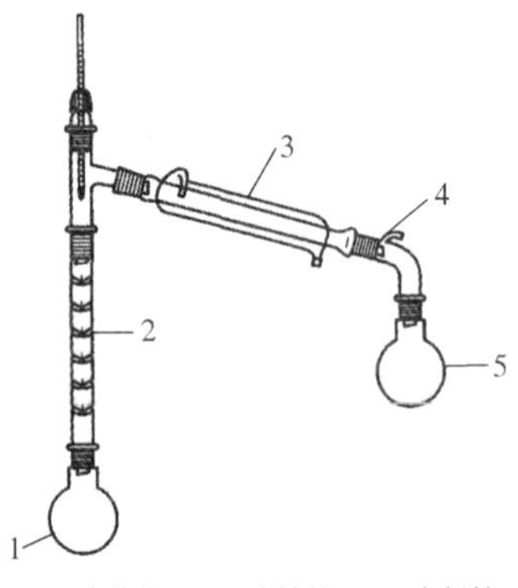

1．圆底烧瓶；2．分馏柱；3．冷凝管；4．接引管；5．接收器。

图 2-23　分馏装置

二、分馏装置

分馏装置是由圆底烧瓶、分馏柱、冷凝管、接引管和接收器组成的，与蒸馏装置的区别在于，分馏装置仅在蒸馏瓶的上方加装一个分馏柱，其他部分相同，如图 2-23 所示。

三、分馏操作

分馏操作和蒸馏操作大致相同，将待分馏的化合物放入圆底烧瓶中，加入 2～3 粒沸石，柱外可用石棉绳包住，这样可以减少柱内热量的散发，减少风和室温的影响。选用合适的热源加热，液体沸腾后要注意调节浴温，使蒸气慢慢升入分馏柱，10～15min后蒸气到达柱顶（可用手摸柱壁，若烫手表示蒸气已到达该处）。

当冷凝管中有蒸馏液流出时，控制加热速率，使馏出液以2～3滴/s的速率蒸出。这样可以达到较好的分馏效果。待低沸点组分蒸完后，再渐渐升高温度。当第二个组分蒸出时沸点会迅速上升。上述情况是假定分馏体系有可能将混合物的组分进行严格的分馏，一般则有相当大的中间馏分（除非沸点相差很大）。

课堂习题

填空题

（1）________是使沸点相差较________的液体混合物进行多次部分汽化和冷凝，以达到分离不同组分的目的。

（2）分馏装置与蒸馏装置基本相同，分馏装置是由________、________、冷凝管、接引管和接收器组成，区别在于分馏装置仅在蒸馏瓶的上方加装一个________。

技能点 减压蒸馏

一、工作准备

减压蒸馏

1. 试剂

石油醚。

2. 仪器和材料

（1）旋转蒸发仪。

（2）循环水多用真空泵。

3. 样品

薯片。

4. 技能练习要求

薯片石油醚提取液溶剂的蒸馏。

二、操作步骤

（1）在圆底蒸馏烧瓶中，加入待蒸馏的液体（不超过蒸馏烧瓶容积的1/2），安装好减压蒸馏装置。

（2）打开真空泵，调好真空度。

（3）接通冷凝水。

（4）开始加热蒸馏。

（5）减压蒸馏结束，先移去热源，蒸馏体系稍冷后慢慢打开毛细管上的螺旋夹，慢慢打开安全管上的双通活塞放气，等蒸馏体系内外压力平衡后再关闭真空泵。停止通冷凝水。逐一拆除仪器并洗净、倒置、晾干。

三、操作要点

（1）玻璃件应轻拿轻放，洗净烘干。
（2）加热槽应先注水后通电，不能无水干烧。
（3）所用磨口旋转蒸发仪安装前需均匀涂少量真空脂。
（4）贵重溶液应先做模拟实验。确认旋转蒸发仪适用后再转入正常使用。
（5）旋转蒸发仪工作结束，关闭开关，拔下电源插头。

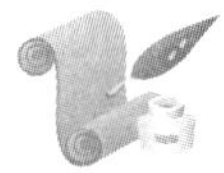

任务考核

减压蒸馏操作标准及评分见表 2-22。

表 2-22　减压蒸馏操作标准及评分

考核要素	评分要素	配分	评分标准		扣分	得分
基本操作	安装蒸馏装置	20 分	各部分安装合理	20 分		
	蒸馏操作	65 分	正确设置水浴温度	10 分		
			正确打开真空泵	10 分		
			正确打开冷凝水	10 分		
			正确判断蒸馏结束	10 分		
			正确回收溶剂	10 分		
			正确收集样品	10 分		
			仪器的拆卸与清洗符合要求	5 分		
	统筹安排能力、工作态度	15 分	整体安排合理	10 分		
			完成时间符合要求	5 分		
总计						

任务七　萃 取 操 作

任务描述

（1）查阅试样萃取的相关资料，熟悉萃取的一般原理及分类。
（2）通过液-液萃取操作练习，归纳、总结萃取操作的一般步骤及要点。
（3）学习不同试样的萃取方法，安装萃取装置。

任务要求

（1）了解萃取的一般原理及分类。
（2）能正确对不同试样选择正确的萃取方法并进行操作。
（3）掌握萃取操作的一般程序及要点。

完成目的

（1）学习萃取的基本方法及原理。

（2）掌握萃取操作的一般程序及要点。

（3）在学与做的过程中培养团队协作意识，提高与人交流、合作的能力，培养学生主动参与、积极进取、探究科学的学习态度。

知识点　萃取分离法

萃取是利用物质在两种互不相溶（或微溶）的溶剂中溶解度或分配系数的不同，使溶质物质从一种溶剂内转移到另外一种溶剂中的方法，亦称抽提。将萃取后两种互不相溶的液体分开的操作，叫作分液。

萃取分离法

固-液萃取，也叫浸取，用溶剂分离固体混合物中的组分，如用水浸取甜菜中的糖类；用酒精浸取黄豆中的豆油以提高油产量；用水从中药中浸取有效成分以制取流浸膏叫“渗沥”或“浸沥”。

萃取是实验室中用来提纯和纯化化合物的手段之一。通过萃取，能从固体或液体混合物中提取出所需要的物质。它的操作过程并不造成被萃取物质化学成分的改变（或说化学反应），所以萃取操作是一个物理过程。

一、萃取分离法的基本原理

（一）分配系数

物质在水相中和在有机相中有一定的溶解度。当被萃取的物质 A 同时接触到两种互不相溶的溶剂时，如一种是水，另一种是有机溶剂，则此时被萃取溶质 A 就按不同的溶解度分配在两种溶剂中，当达到平衡时，溶质 A 在两相中的平衡浓度 $[A]_{有}$和 $[A]_{水}$的比值称为分配系数，用 K_D 表示。

$$K_D=\frac{[A]_{有}}{[A]_{水}}$$

在一定温度下，同一溶质在确定的两种溶剂中的分配系数是一个常数，这就是分配定律。

对不同的溶质或不同的溶剂，K_D 的数值不同。即分配系数与溶质和溶剂的特性、温度等因素有关。分配系数大就是指溶质分配在有机溶剂中的量多，也就是说在有机相中的浓度大，而分配在水中的浓度小。利用这一特性可将该溶质自水相萃取到有机相中，从而达到分离的目的。例如，I_2 在 CCl_4 和 H_2O 中的分配系数为 85，此值说明可用 CCl_4 萃取水相中的 I_2，当溶有 I_2 的水相与 CCl_4 溶液混合时绝大部分的 I_2 进入 CCl_4 有机相中，从而使 I_2 与水相中的其他杂质分离，这就是溶剂萃取的基本原理。

$$\frac{[I_2]_{CCl_4}}{[I_2]_{H_2O}}=K_D=85$$

（二）分配比

分配系数仅适用于被萃取的溶质在两种溶剂中存在的形式相同的情况。如上例所示，用 CCl_4 萃取 I_2，I_2 在两相中存在的形式是相同的。若溶质在水相和有机相中有多种存在形式或萃取过程中发生离解、缔合等反应，分配定律就不适用了。为此我们引入分配比的概念。当被萃取溶质 A 在两相中的分配达到平衡后，若将其在有机相中各种存在形式的总浓度用 $c_{A,有}$表示，而在水相中各种存在形式的总浓度用 $c_{A,水}$表示，则此时 A 在两种溶剂中总浓度的比值就称为分配比，用符号 D 表示。

$$D=\frac{c_{A,有}}{c_{A,水}}=\frac{[A_1]_{有}+[A_2]_{有}+\cdots+[A_n]_{有}}{[A_1]_{水}+[A_2]_{水}+\cdots+[A_n]_{水}}$$

所谓分配比大，就是指被萃取的各溶质在有机相中的量多，也就是在有机相中的浓度大，而在水相中的浓度小。

如果溶质在两相中仅存在一种形态，则分配系数 K_D 与分配比 D 相等。

$$K_D=D$$

但是在实际工作中，常发生副反应，因此 K_D 值和 D 值常常是不一样的。

（三）萃取率

在实际工作中，我们希望了解萃取过程的完全程度，也就是萃取的效率，常用萃取率（E）表示，即

$$E=\frac{\text{物质A在有机相中的总含量}}{\text{物质A的总含量}}\times 100\%$$

萃取率表示物质萃取到有机相中的比例。溶质 A 的水溶液用有机溶剂萃取，如已知水溶液的体积为 $V_{水}$，有机溶剂的体积为 $V_{有}$，$c_{A,有}\cdot V_{有}$为溶质 A 在有机相中的总含量；$c_{A,水}\cdot V_{水}$为溶质 A 在水相中的总含量，则

$$E=\frac{c_{A,有}V_{有}}{c_{A,有}V_{有}+c_{A,水}V_{水}}\times 100\%$$

上式中分子与分母同除以 $c_{A,水}V_{有}$，得

$$E=\frac{\dfrac{c_{A,有}}{c_{A,水}}}{\dfrac{c_{A,有}}{c_{A,水}}+\dfrac{V_{水}}{V_{有}}}\times 100\%$$

因为

$$D=\frac{c_{A,有}}{c_{A,水}}$$

所以

$$E=\frac{D}{D+\dfrac{V_{水}}{V_{有}}}\times 100\%$$

由上式可见，萃取率由分配比 D 和体积比决定。即分配比越大，体积比越小，则萃取率越高。设用等体积的溶剂进行萃取，取 $V_{水}=V_{有}$，此时萃取率

$$E=\frac{D}{D+1}\times 100\%$$

若分配比 $D=1$，则萃取一次的萃取率为 50%。若要求萃取一次后的萃取率大于 90%，则分配比 D 必须大于 9。当分配比不高时，一次萃取不能满足分离或测定的要求，常常采取分次加入溶剂，多次连续萃取的方法来提高萃取率。

（四）分离因数

为了达到分离目的，不但萃取率要高，而且还要考虑共存组分间的分离效果要好。分离效果一般用分离因数 β 来反映。β 是两种不同组分 A 和 B 分配比的比值：

$$\beta=\frac{D_A}{D_B}$$

上式表明，D_A 和 D_B 相差越大，分离效率越高。

二、无机物的萃取分离

无机物中，只有少数共价分子，如 HgI_2、$HgCl_2$、$GeCl_2$、$AlCl_3$、SbI_3 等，可以直接用有机溶剂萃取，大多数无机物在水溶液中离解成离子，并与水分子结合成水合离子，难于用与水不混溶的非极性或弱极性的有机溶剂萃取。为了进行萃取分离，必须在水中加入某种试剂使被萃取物质与试剂结合成不带电荷的、难溶于水而易溶于有机溶剂的分子，这种试剂称为萃取剂。被萃取物质与萃取剂形成的化合物称为可萃取络合物。

根据萃取反应的类型，萃取体系可分为简单分子萃取体系、螯合萃取体系、离子缔合体系、协同萃取体系等。下面简单介绍螯合物与离子缔合物。

（一）螯合物

螯合物是具有环状结构的配合物，是由具有两个或多个配位体与同一金属离子形成螯合环的螯合作用而得到。螯合物广泛用于金属离子的萃取，如铜试剂（二乙基二硫代氨基甲酸钠，DDTC 钠盐）能与数十种金属离子螯合形成有色化合物。它与 Cu^{2+} 的反应如下：

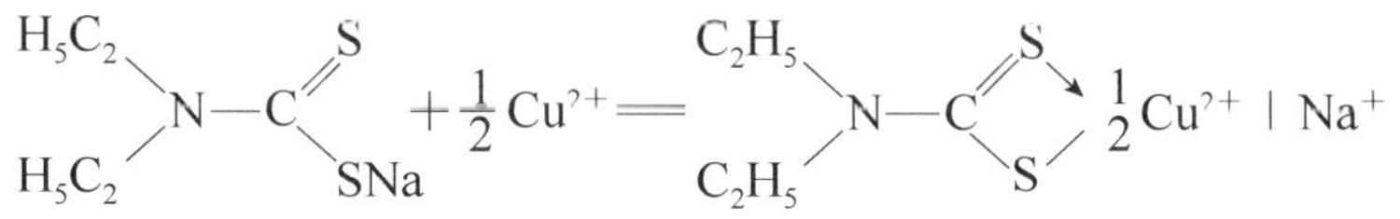

$$(C_2H_5)_2N-C(=S)-SNa+\frac{1}{2}Cu^{2+}=(C_2H_5)_2N-C(=S)(-S)\rightarrow\frac{1}{2}Cu^{2+}+Na^+$$

又如，8-羟基喹啉可与 Pd^{2+}、Fe^{3+}、Ga^{3+}、Co^{2+}、Zn^{2+} 等离子形成螯合物，如 8-羟基喹啉与铝形成的螯合物：

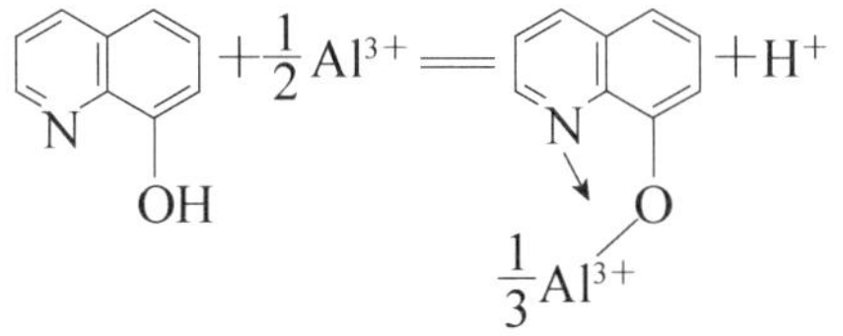

$$\text{8-羟基喹啉}(C_9H_6N-OH)+\frac{1}{2}Al^{3+}=C_9H_6(N\rightarrow)(O-)\frac{1}{3}Al^{3+}+H^+$$

生成的螯合物难溶于水，可用有机溶剂氯仿萃取。

再如，双硫腙微溶于水，能与 Ag^{+}、Bi^{3+}、Cd^{2+}、Hg^{2+}、Cu^{2+}等离子螯合形成螯合物：

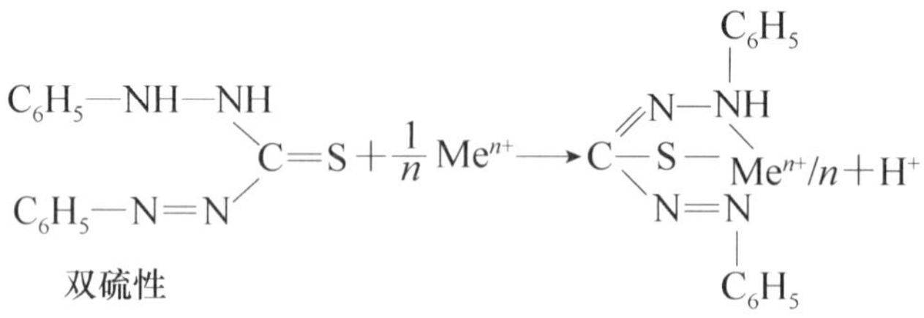

$$\begin{array}{l} C_6H_5-NH-NH \\ \qquad\qquad\qquad \diagdown \\ \qquad\qquad\qquad\quad C{=}S + \frac{1}{n}Me^{n+} \longrightarrow \\ \qquad\qquad\qquad \diagup \\ C_6H_5-N{=}N \end{array} \begin{array}{l} \qquad\quad C_6H_5 \\ \qquad\quad | \\ \quad{=}N-NH \\ \quad\;\;\diagup \qquad \diagdown \\ C-S- \; Me^{n+}/n + H^{+} \\ \quad\;\;\diagdown \\ \quad\; N{=}N \\ \qquad\quad | \\ \qquad\quad C_6H_5 \end{array}$$

双硫性

所生成的螯合物难溶于水，可用 CCl_4 萃取。

对于不同的金属离子，由于所生成螯合物的稳定性不同，螯合物在两相中的分配系数也不同，因而选择和控制适当的萃取条件，包括萃取剂的种类、溶液的酸度等，可使不同的金属离子通过萃取得以分离。

（二）离子缔合物

由金属配位离子与异电性离子以静电引力的作用结合成不带电的化合物，称为离子缔合物，此缔合物具有疏水性而能被有机溶剂萃取。

1. 离子缔合物的分类

（1）形成羊盐的缔合物。能发生这类萃取的萃取剂是含氧的有机溶剂，如醚类、醇类、酮类和酯类等，常用的有乙醚、环己醇、甲基异丁基甲酮 （MIBK）、乙酸乙酯等。

（2）形成铵盐的缔合物，如次甲基蓝在酸性条件下与 BF_4^-缔合成铵盐缔合物。发生这类萃取要用含氮的有机萃取剂，如大分子胺和碱性染料等。

（3）形成其他缔合物。如砷盐（R_4As^+）、磷盐（R_4P^+）与 ReO_4^-形成缔合物［$(C_6H_5)_4As^+ReO_4^-$］而被氯仿萃取。离子缔合物萃取的特点是容量大，有利于基体元素的分离。

2. 离子缔合物萃取的特点

（1）适用于可以形成疏水性的离子缔合物的常量或微量金属离子，而离子的体积越大，电荷越少，越容易形成疏水性的离子缔合物。

（2）萃取容量大，选择性差。

三、有机物的萃取分离

应用相似相溶的原则，选择适当的溶剂和萃取条件，可以从混合物中萃取某些组分，达到分离的目的。一般来说，极性有机化合物包括形成氢键的有机化合物及其盐类，通常溶于水而不溶于非极性或弱极性的有机溶剂；非极性或弱极性的有机化合物不溶于水，但可溶于非极性和弱极性的溶剂，如苯、CCl_4、氯仿等。

选用适当的溶剂和条件，可以达到萃取分离的目的。如欲测定焦油废水中的酚含量，可先将水样调节 pH 值到 12，用 CCl_4 萃取分离油分；然后再调节 pH 值到 5，以 CCl_4 萃取酚。

对于有机酸或有机碱，可以通过控制酸度，使它们以分子或离子的形态存在，改变在有机溶剂和水中的溶解性能，再进行萃取分离。例如，羧酸和酚，控制 pH 值约为 7 时，羧酸电离成阴离子，酚仍以分子状态存在，用乙醚萃取，羧酸形成钠盐留在水相，酚被萃取进入乙醚层，从而实现分离。

四、液-液萃取分离操作方法

常用的萃取方法可分为单级萃取法（间歇萃取法）和多级萃取法。多级萃取法按两相接触的方式不同又可分为错流萃取法（连续萃取法）和逆流萃取法，后者需要专门的仪器装置。下面介绍间歇萃取法的操作技术。

1. 萃取

选比溶液总体积大 1 倍的梨形分液漏斗（一般用 60～125mL 容积的即可），活塞部分不得涂凡士林等油膏，以免有机溶剂溶解油膏。向分液漏斗加入被萃取溶液和萃取剂，振荡。方法是将分液漏斗倾斜，上口略朝下，如图 2-24（a）所示。振荡时间视化学反应速率和扩散速率而定，一般 30s 到数分钟。

在萃取过程中需放气数次。放气的方法是仍保持分液漏斗倾斜，旋开旋塞，放出蒸气或产生的气体，使内外压力平衡，如图 2-24（b）所示。

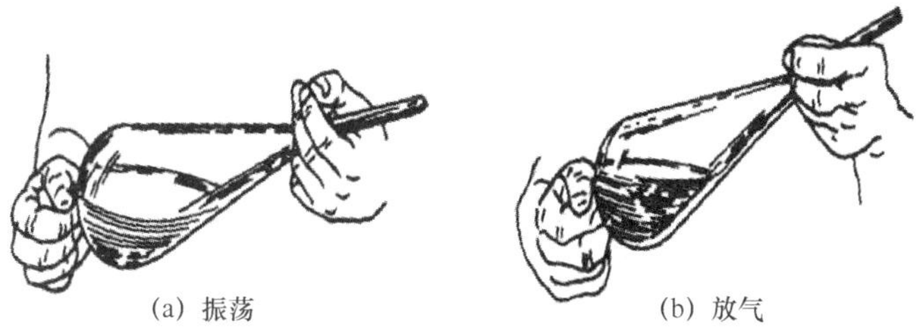

(a) 振荡　(b) 放气

图 2-24　分液漏斗的振荡及放气

2. 分层

在振荡萃取之后，需将溶液静置，使两相分为清晰的两层，一般需 10min 左右，难分层的需延长时间。若产生乳化现象影响分层，可试用以下方法解决。

（1）延长静置时间。

（2）振荡不要过于激烈，放置数分钟后轻轻旋摇，加速分层。

（3）如因溶剂部分互溶发生乳化，可加入少量电解质（如 NaCl）利用盐析作用破坏乳化。加入电解质也可改善因两相相对密度差小而发生的乳化。

（4）还可通过加入乙醇、改变溶液酸度等方法消除乳化。

3. 分离和洗涤

分层后经旋塞放出下层液体，从上口倒出上层液体。分开两相时不应使被测组分损失。根据需要，重复进行萃取或洗涤萃取液。

五、固体试样的萃取方法

溶剂萃取主要是液-液萃取，但在某些情况下，需要用溶剂从固体样品中萃取出所需的待测成分，这时称为液-固萃取。液-固萃取在分析样品前处理中也称提取，可以在超声波清洗机中借助超声波的能量进行提取，也可用索氏抽提器（又称脂肪提取器）提取，图 2-25 是索氏抽提器。

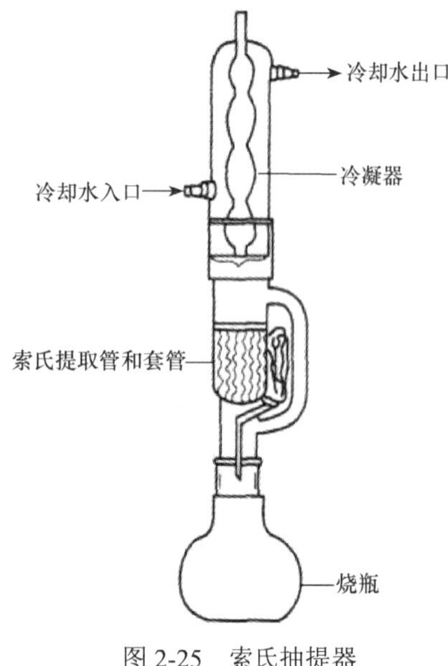

图 2-25　索氏抽提器

索氏抽提器的工作原理是利用溶剂加热回流及虹吸作用，使固体物质每一次都为纯的溶剂所萃取。此法属于连续萃取操作，其萃取效率高。萃取前应先将固体物质研磨细，以增加液体浸溶的面积。然后将固体物质放在滤纸套内，放置于萃取室中。如图 2-25 安装仪器。当溶剂加热沸腾后，蒸汽通过导气管上升，被冷凝为液体滴入提取器中。当液面超过虹吸管最高处时，即发生虹吸现象，溶液回流入烧瓶，因此可萃取出溶于溶剂的部分物质，就这样利用溶剂回流和虹吸作用，可使固体中的可溶物富集到烧瓶内。

由于有机溶剂的抽提物中除脂肪外，还或多或少含有游离脂肪酸、甾醇、磷脂、蜡及色素等类脂物质，因而索氏提取法测定的结果只能是粗脂肪。

六、溶剂萃取分离法的应用

溶剂萃取分离法在分析化学中的应用比较广泛，主要有以下几个方面。

（一）分离干扰物质

例如，测定钢铁中微量稀土元素的含量时，通过溶剂萃取将主体元素铁及经常可能存在的其他元素，如 Cr、Mn、Co、Ni、Cu、V、Nb、Mo 等除去。方法是把试样溶解后，在微酸性溶液中加入铜铁试剂为萃取剂，以氯仿或 CCl_4 将这些元素萃取入有机相，分离除去。留在水相中的稀土元素用偶氮胂显色，进行光度测定。

（二）萃取光度分析

萃取光度分析是将萃取分离和光度分析结合进行的方法。不少萃取剂同时也是一种显色剂，萃取剂与被萃取离子间的络合或缔合反应实质上也就是显色反应。取萃取的有机相直接进行光度测定，就是萃取光度法。其特点是测定步骤简单、快速，可改善方法的选择性，提高测定的灵敏度。例如，双硫腙可以与很多金属离子生成有色的螯合物，可被氯仿或 CCl_4 萃取。如欲测定植物样品中的 Pb，可以将样品消解后，调节 pH 值至 2～3，用双硫腙的氯仿溶液萃取除去 Zn、Cu、Hg、Ag、Sn 等干扰元素，再将溶液 pH 值调至 8～9，Pb 和双硫腙生成粉红色螯合物，用 CCl_4 萃取进行光度测定。

（三）作为仪器分析的样品前处理方法

溶剂萃取分离法作为原子吸收、发射光谱、电化学分析及色谱分析等方法的分离、富集手段得到了广泛的应用。

例如，用火焰原子吸收法测定化学试剂中微量金属杂质的含量，可以将溶液的 pH

值调至3～6，铅、镉等离子与吡咯烷二硫代氨基甲酸铵生成疏水性的螯合物，以4-甲基-2-戊酮萃取，可以直接将上层的有机相喷入火焰中进行原子吸收光度测定。

水果、蔬菜中的农药残留量分析。由于水果、蔬菜中的农药含量很低，一般需要富集后才能测定。利用农药在各种有机溶剂及水中的溶解度不同，可用氯仿或己烷等有机溶剂萃取、浓缩后，经净化再进行气相色谱或高效液相色谱分析。

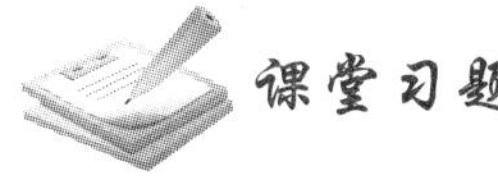

课堂习题

填空题

（1）分配比大，就是指被萃取的各溶质在________中的量多，也就是在________中的浓度大，而在________中的浓度小。

（2）有机物的萃取分离应用的是________原则。

技能点　液–液萃取分离操作方法

一、工作准备

液–液萃取分离操作方法

1. 试剂

石油醚。

2. 仪器和材料

（1）梨形分液漏斗。

（2）漏斗架。

（3）烧杯。

3. 样品

油脂。

4. 技能练习要求

梨形分液漏斗的萃取分离实验。

二、操作步骤

（1）检验梨形分液漏斗是否漏水。

（2）先装入待分离样品，再加入萃取剂石油醚，振荡。

（3）将梨形分液漏斗放在铁圈上静置，使其分层。

（4）打开分液漏斗活塞，再打开旋塞，使下层液体从梨形分液漏斗下端流出放入烧杯中，待油水界面与旋塞上口相切即可关闭旋塞。

（5）把上层液体从梨形分液漏斗上口倒出放入另一烧杯。

三、操作要点

（1）在萃取过程中需放气数次。

（2）放气的时候保持梨形分液漏斗倾斜，旋开旋塞，放出蒸气或产生的气体，使内外压力平衡。

（3）振荡不要过于激烈，以免产生乳化现象。

（4）从上口倒出上层液体，下口放出下层液体。

课堂习题

填空题

（1）利用石油醚萃取油脂样品时所用的仪器有________、________、________中而被萃取。

（2）萃取操作结束时，打开________，再打开________，使________从梨形分液漏斗下端流出，________从梨形分液漏斗上口倒出。

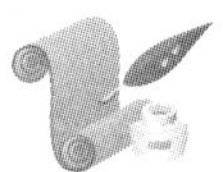

任务考核

液-液萃取分离操作标准及评分见表 2-23。

表 2-23　液-液萃取分离操作标准及评分

考核要素	评分要素	配分	评分标准		扣分	得分
基本操作	实验准备	20 分	仪器试剂准备齐全	20 分		
	萃取操作	65 分	正确检验分液漏斗是否漏水	10 分		
			正确装入溶液	10 分		
			正确加入萃取剂，振荡	15 分		
			正确进行静置分层	10 分		
			正确放出下层液体	10 分		
			正确倒出上层液体	10 分		
	统筹安排能力、工作态度	15 分	整体安排合理	10 分		
			完成时间符合要求	5 分		
总计						

项目三　实验用试剂及溶液的配制

任务一　配制实验中常用指示剂及试剂

任务描述

（1）查阅试剂及指示剂配制的相关资料，熟悉溶液配制的方法。

（2）学习 1%酚酞和 75%乙醇溶液的配制方法，掌握实验中常用其他指示剂和溶液的配制方法。

（3）练习配制一定体积的溶液。

任务要求

（1）熟悉溶液配制的方法。

（2）掌握实验中常用指示剂的配制方法。

（3）掌握实验中常用溶液的配制方法。

（4）掌握制作溶液标签的方法。

完成目的

（1）能根据需求对配制溶液用水进行正确的选择。

（2）能独立进行实验用指示剂和一般溶液的配制。

（3）掌握一般溶液的配制方法及保存方法。

（4）能进行一般溶液和指示剂的标签设计及填写。

（5）在学与做的过程中培养团队协作意识，提高与人交流、合作的能力，培养学生主动参与、积极进取、探究科学的学习态度。

技能点一　实验中常用指示剂的配制

指示剂是化学试剂中的一类。在一定介质条件下，其颜色能发生变化、能产生浑浊或沉淀，以及有荧光现象等。常用来检验溶液的酸碱性；滴定分析中用来指示滴定终点；环境检测中用来检验有害物。指示剂一般分为酸碱指示剂、氧化还原指示剂、金属指示剂、吸附指示剂等。

实验中常用指示剂的配制

一、酸碱指示剂

酸碱指示剂指的是用于酸碱滴定的指示剂，一般是有机弱酸或弱碱，它们的共轭酸碱对具有不同结构而呈现不同颜色。当溶液的 pH 值改变时，指示剂得到质子，由碱式转变为共轭酸式，或失去质子，由酸式转变为共轭碱式，由于其结构的转变而发生颜色的变化。

1. 常用酸碱指示剂的分类

（1）硝基酚类：是一类酸性显著的指示剂，如对-硝基酚等。

（2）酚酞类：为有机弱酸，如酚酞、百里酚酞和α-萘酚酞等。

（3）磺代酚酞类：为有机弱酸，如酚红、甲基红、溴酚蓝、百里酚蓝等。

（4）偶氮化合物类：为两性指示剂，如甲基橙、中性红等，既可作酸式离解，也可作碱式离解。

2. 影响酸碱指示剂变色范围的因素

在实际中，影响酸碱指示剂变色范围的因素主要有两方面：一种是影响指示剂常数 K_{HIn} 的因素，包括温度、溶剂、溶液的离子强度等，其中温度的影响较大。另一种是影响变色范围宽度的因素，如指示剂用量、滴定程序等，现具体讨论如下。

（1）温度改变时，指示剂常数 K_{HIn} 及水的离子积 K_W 均有改变，因此指示剂的变色范围也随之发生改变。例如，18℃时，甲基橙的变色范围为3.1～4.4，而100℃时，变为2.5～3.7。因此，滴定宜在室温下进行。如必须加热，应该将溶液冷却后再进行滴定。

（2）指示剂在不同溶剂中其 pK_{HIn} 值是不同的，因此在不同溶剂中的变色范围不同。例如，甲基橙在水溶液中 pK_{HIn} 为3.4，在甲醇中 pK_{HIn} 为3.8。

（3）中性电解质溶液中性电解质的存在增加了溶液的离子强度，使指示剂常数改变，影响到指示剂的变色范围。此外，某些电解质还具有吸收不同波长光波的性质，会引起指示剂颜色深度、色调及变色灵敏度的改变。所以在滴定溶液中不宜有大量盐类存在。

（4）指示剂的用量（浓度）是一个重要影响因素。对于单色指示剂（如酚酞、百里酚酞），指示剂的用量对变色范围有较大影响。对于双色指示剂，指示剂用量多少不会影响变色范围。但溶液中指示剂的浓度大时可能致使终点时颜色变化不敏锐。另外指示剂本身也要消耗滴定剂．使滴定误差增大。因此，指示剂用量一般少一些为宜，只要达到变色灵敏度，用量越少越好。

（5）滴定程序溶液由浅色滴定到深色时，便于观察终点颜色的变化。所以滴定程序是当指示剂颜色由酸式或碱式色变为混合色时，溶液颜色是由浅色变化到深色。例如，用酚酞作指示剂，滴定程序一般为用碱滴定酸，终点由无色变为粉红色，容易辨别。而用甲基橙作指示剂，一般用酸滴定碱，终点由黄色变为橙色，易于辨认。

二、金属指示剂

金属指示剂又称金属离子指示剂，是络合滴定法中使用的指示剂。指示终点的原理是在一定 pH 值下，指示剂与金属离子络合，生成与指示剂游离态颜色不同的络离子。等当点时，滴定剂置换出指示剂，当观察到从络离子的颜色转变为指示剂游离态的颜色时即达终点。如在pH值为10时，用乙二胺四乙酸二钠测定水的硬度，选铬黑T作指示剂，当溶液由红色变为蓝色时即达终点。

1. 金属指示剂应具备的条件

（1）金属指示剂In与金属离子M形成的配合物MIn的颜色与指示剂In本身的颜色有明显的区别，滴定达到终点时的颜色变化才明显。

（2）配合物MIn要有适当的稳定性。若MIn的稳定性太低，将会过早出现滴定终点，且终点的颜色变化不明显；若 MIn 的稳定性太高，则接近化学计量点时滴加配位剂 Y 不能夺取 MIn 中的 M，In 不能游离出来，甚至滴定过了终点，也观察不到颜色的变化，这就失去了指示剂的作用。

（3）指示剂与金属离子的显色反应必须灵敏、迅速，且有良好的变色可逆性。

2. 金属指示剂使用时应注意的问题

1）指示剂的封闭现象

在配位滴定时，金属指示剂与某些金属离子形成配合物（MIn），比相应的金属离子与 EDTA 形成配合物（MY）稳定，而不能被 EDTA 置换，则溶液一直呈现 MIn 的颜色，即使到了化学计量点也不变色，这种现象称为指示剂的封闭现象。例如，在 pH 值为 10 时，以铬黑 T 为指示剂滴定 Ca^{2+}、Mg^{2+}总量时，Al^{3+}、Fe^{3+}等会封闭铬黑 T 致使终点无法确定。在实验中，往往由于试剂或蒸馏水的质量差，含有微量的上述离子使得指示剂失效。解决的办法是加入掩蔽剂，使干扰离子生成更稳定的配合物，从而不再与指示剂作用。

2）指示剂的僵化现象

有些金属指示剂或金属指示剂配合物在水中的溶解度太小，生成胶体溶液或沉淀，就会影响颜色反应的可逆性，使得滴定剂 EDTA 与金属指示剂配合物 MIn 交换缓慢，终点拖长，这种现象称为指示剂僵化。解决的办法是加入有机溶剂或加热以增大其溶解度。如用 PAN［1-（2-吡啶偶氮）-2-萘酚］作指示剂时，经常加入乙醇或在加热下滴定。

3）指示剂的氧化变质现象

金属指示剂大多为具有若干双键的有色化合物，易被日光、氧化剂、空气所分解，在水溶液中多不稳定，日久会变质。

4）指示剂发生分子聚合而失效

有些金属指示剂可用中性盐（如 NaCl 固体等）混合配成固体混合物且较稳定，保存时间较长。如果需配制成溶液，应现用现配，并在金属指示剂溶液中，加入防止其变质的试剂。例如，在铬黑 T 溶液中加入三乙醇胺可防止其发生分子聚合、加入盐酸羟胺或抗坏血酸等可防止其氧化。

三、氧化还原指示剂

氧化还原指示剂是氧化还原滴定法中所使用的一类化学指示剂。它们大多数是结构复杂的有机化合物，有的是氧化剂，有的是还原剂，而指示剂的氧化态和还原态具有不同的颜色。氧化还原指示剂用于当溶液中滴定体系电对的电位改变时，指示剂电对的浓度也发生改变，因而引起溶液颜色变化，以指示滴定终点。

1. 氧化还原指示剂的分类

（1）被滴定物或被滴定溶液本身有足够深的颜色，在滴定过程中，本身颜色消退，这样其本身就可作为指示剂，称为自身指示剂，如 $KMnO_4$。

（2）指示剂本身不具有氧化还原性，但能和氧化性物质或还原性物结合而产生特殊的颜色，称为显色指示剂，如可溶性淀粉与 I_2 反应，生成蓝紫色的化合物，当 I_2 被还原为 I^-时，颜色消失。

（3）指示剂在氧化态或还原态时呈现不同的颜色，如二苯胺磺酸钠在还原性物质溶液中几乎无色，而在氧化性质溶液中呈紫色，这类指示剂还有邻二氮菲-亚铁等；有些指示剂的颜色变化是可逆的；也有些指示剂的颜色变化是不可逆的。

2．氧化还原指示剂的选择

选择氧化还原指示剂的实质为实际的变色点位在滴定的电位突跃范围内，且应尽量使指示剂电位与计量点电位一致或接近。如果滴定剂或被滴定物质有色时，滴定观察到的颜色是其与指示剂的混合色，这就要求在计量点前后，所选用的指示剂仍有明显的颜色变化。

四、沉淀滴定指示剂

沉淀滴定指示剂主要是用于 Ag^+与卤素离子的滴定，以 KCr_2O_7、铁铵矾或荧光黄作指示剂。

Ⅰ　10g/L 酚酞指示剂的配制

一、工作准备

1．试剂

（1）酚酞（分析纯）。

（2）95%乙醇（分析纯）。

2．仪器和材料

（1）托盘天平：感量 0.1g。

（2）烧杯。

（3）玻璃棒。

（4）量筒：100mL。

（5）滴瓶（或试剂瓶）：100mL。

3．参考标准

《化学试剂 试验方法中所用制剂及制品的制备》（GB/T 603—2002）。

二、操作步骤

（1）用托盘天平称取 1g 酚酞，置于烧杯中。

（2）用量筒量取 100mL 95%乙醇，倒入烧杯中，用玻璃棒搅拌至酚酞溶解。

（3）将其转移至滴瓶（或试剂瓶）中。

（4）制作标签。

Ⅱ　溴甲酚绿-甲基红指示剂（3∶1）的配制

一、工作准备

1．试剂

（1）甲基红（分析纯）。

（2）溴甲酚绿（分析纯）。

（3）95%乙醇（分析纯）。

2. 仪器和材料

（1）托盘天平：感量 0.1g。

（2）烧杯。

（3）玻璃棒。

（4）量筒：100mL。

（5）滴瓶（或试剂瓶）：100mL。

3. 参考标准

《化学试剂 试验方法中所用制剂及制品的制备》（GB/T 603—2002）。

二、操作步骤

（1）配制 1g/L 溴甲酚绿指示剂：用托盘天平称取 0.1g 溴甲酚绿，置于烧杯中。用量筒量取 100mL 95%乙醇，倒入烧杯中，用玻璃棒搅拌至溴甲酚绿溶解，将其转至滴瓶（或试剂瓶）中。

（2）配制 2g/L 甲基红指示剂：用托盘天平称取 0.2g 甲基红，置于烧杯中。用量筒量取 100mL 95%乙醇，倒入烧杯中，用玻璃棒搅拌至甲基红溶解。将其转至滴瓶（或试剂瓶）中。

（3）分别制作标签。

（4）用量筒量取 30mL1g/L 溴甲酚绿指示剂和 10mL 2g/L 甲基红指示剂，混匀即得溴甲酚绿-甲基红指示剂（3∶1）。将其转移至滴瓶（或试剂瓶），制作标签。

Ⅲ 10g/L 淀粉指示剂的配制

一、工作准备

1. 试剂

（1）可溶性淀粉（分析纯试剂）。

（2）纯水：蒸馏水或去离子水，应符合 GB/T 6682—2008 要求。

2. 仪器和材料

（1）托盘天平：感量 0.1g。

（2）烧杯。

（3）玻璃棒。

（4）量筒：100mL。

（5）滴瓶（或试剂瓶）：100mL。

（6）电炉。

3. 参考标准

《化学试剂 试验方法中所用制剂及制品的制备》（GB/T 603—2002）。

二、操作步骤

（1）用托盘天平称取 1g 可溶性淀粉，置于烧杯中。

（2）用量筒量取 100mL 蒸馏水，倒入上述烧杯中 5mL，用玻璃棒搅拌成糊状溶液。

（3）另取一个烧杯，内装 90mL 蒸馏水，放在电炉上煮沸。

（4）将糊状溶液边搅拌边转移至煮沸的蒸馏水中，煮沸 1～2min，冷却。

（5）将上述溶液转移至容量瓶并用蒸馏水定容至 100mL，转移至滴瓶（或试剂瓶）。

（6）制作标签。

三、标签

根据《化学品安全标签编写规定》（GB 15258—2009）可知，标签是用于标示化学品所具有的危险性和安全注意事项的一组文字、象形图、编码组合。标签的要素包括化学品信息及其主要有害组分。标签书写正文应使用与底色反差明显的颜色，一般为黑色。标签背面可采用不干胶，设计为试剂瓶、滴瓶使用等不同版面，图 3-1 为普通溶液标签设计，图 3-2 为标准溶液标签设计。

溶液名称			
浓度			
介质		配制者	
配制日期			

图 3-1　普通溶液标签设计

溶液名称		浓度
介质		配制依据
配制人	标定人	复核人
配制日期		有效期

图 3-2　标准溶液标签设计

1. 一般溶液标签的书写

一般溶液的浓度要求不太严格，不需要用标定或其他比对方法求得其准确浓度。在实验中，它们的浓度和用量不参与被测组分含量的计算，通常是用来作为“条件”溶液，如控制酸度、指示终点、消除干扰、显色、络合等。按用途又可分为显色剂溶液、掩蔽剂溶液、缓冲溶液、萃取溶液、吸收溶液、底液、指示剂溶液、沉淀剂溶液、空白溶液等。

书写内容：一般溶液标签的书写内容应包括名称、浓度、纯度、介质、日期、配制人及其他说明。标签填写格式举例如下，供参考。

图 3-3 第一行缓冲溶液名称；第二行分析纯试剂级别、pH 值数值；第三行 DZG20-1 p.85 代表按地矿部规程《岩石矿物分析》85 页方法配制。第四行×××为配制人、2019-12-01 为配制时间。

图 3-4 第一行溶液名称及浓度；第二行分析纯为试剂级别；第三行×××为配制人、2019-12-01 为配制时间。

HAc=NaAc 缓冲液
分析纯，pH=6.1
DZG20-1　p.85
配制人：×××　2019-12-01

图 3-3　标准溶液标签（1）

A_{mNaCl}=10%
分析纯
配制人：×××　2019-12-01

图 3-4　标准溶液标签（2）

2. 标准溶液标签的书写

标准溶液的配制，标定，校验及稀释等都要有详细的记录，应该与检测原始记录一样要求，标签书写内容要求齐全，字迹清晰，符号要准确。

书写内容：标准溶液标签的书写内容包括标准溶液名称、浓度类型、浓度值、介质、配制日期、配制温度、瓶号、校核周期和配制人、注意事项及其他须注明的事项等。标签填写格式举例说明，供参考。

图 3-5 中第一行①代表瓶号、溶液名称；第二行溶液浓度；第三行配制人、复核人（×××为姓名）、配制依据；第四行 18℃是配制时的室温、6 个月为溶液的核对周期、2019-12-01 为配制时间。

图 3-6 中第一行②代表瓶号、溶液名称；第二行溶液浓度；2% H_2SO_4 为溶液介质；第三行配制人、复核人（×××为姓名）、配制依据；第四行 18℃为配制时温度、7 天为溶液的核对周期、2019-12-01 为配制时间。

① 重铬酸钾标准溶液
$c_{1/6K_2Cr_2O_7}$=0.06011mol/L
配制人：×××　复核人：×××　配制依据：
18℃　核对周期：6 个月　2019-12-01

图 3-5　标准溶液标签（3）

② 莫尔盐标准溶液
$c_{Fe^{2+}}$=0.02134mol/L　2%H_2SO_4
配制人：×××　复核人：×××　配制依据：
18℃　核对周期：7 天　2019-12-01

图 3-6　标准溶液标签（4）

3. 注意事项

（1）配制浓度低于 0.02mol/L 标准溶液时，用前将稀释用的水煮沸并冷却后再使用。

（2）滴定（容量）分析标准溶液在常温（15～25℃）下保存时间一般不得超过 2 个月。

（3）标准溶液浓度值取 4 位有效数字。

课堂习题

一、填空题

（1）指示剂一般分为________、________、________、________等。

（2）常用的酸碱指示剂分为________、________、________、________四类。

（3）金属指示剂又称为________，是________使用的指示剂。

（4）氧化还原指示剂是________所使用的一类化学指示剂，有的是________剂，有的是________剂。

（5）一般溶液标签的书写应包括________、________、________、________、________、________及其说明。

（6）标准溶液标签书写时，浓度值应取________位有效数字。

二、简答题

（1）简述氧化还原指示剂的分类。

（2）简述溴甲酚绿-甲基红（3∶1）配制过程。

（3）简述标准溶液标签书写的内容。

任务考核

配制 100mL 1%酚酞指示剂操作标准及评分见表 3-1。

表 3-1　配制 100mL 1%酚酞指示剂操作标准及评分

考核要素	评分要素	配分	评分标准		扣分	得分
基本操作	准备	30 分	物品摆放合理	10 分		
			仪器清洗洁净	10 分		
			试剂准备合理	10 分		
	配制	40 分	正确称量	10 分		
			正确溶解	20 分		
			正确转移	10 分		
	标签的制作	10 分	正确书写标签	10 分		
文明操作	实验结果	5 分	使用完毕器皿的清洗符合要求	5 分		
	统筹安排能力、工作态度	15 分	清理实验台，仪器、药品摆放整齐	10 分		
			完成时间符合要求	5 分		
总计						

技能点二　实验中常用试剂的配制

分析实验室中所用的试剂及溶液的品种繁多，有定性分析用的阴、阳离子试剂，大量的酸、碱、盐溶液和有机试剂等。正确配制和保存这些试剂和溶液，是做好实验的基本保证，因此要遵循以下原则。

实验中常用试剂的配制

（1）配制溶液时，要牢固地树立“量”的概念，要根据溶液浓度的准确度要求，合理地选择称量用的天平（台秤或电子分析天平）及量取溶液的量器（量筒或移液管），确定记录数据应保留有效数字的位数，配好的溶液应妥善储存。

（2）定性分析用的阴、阳离子试剂，一般先配成储备液（100g/L），使用时将其稀释 10 倍成使用液（10g/L）。

（3）易侵蚀或腐蚀玻璃的溶液，如含氟的盐类及 NaOH 等应保存在聚乙烯瓶中。

（4）易挥发、易分解的溶液，如 $KMnO_4$、I_2、$Na_2S_2O_3$、$AgNO_3$、$NaBiO_3$、$TiCl_3$、Br_2、$NH_3 \cdot H_2O$，以及 CCl_4、$CHCl_3$、丙酮、乙醚、乙醇等有机溶剂应存放在棕色瓶中，密封好放在阴凉避光处保存。

（5）有些易水解的盐类，配制成溶液时，需先加入适量的酸（或碱），再用水或稀酸（或碱）稀释。有些易氧化或还原的试剂及易分解的试剂，常在使用前临时配制，或采取措施防止其氧化或分解。

（6）配好的溶液存放于试剂瓶中，大量的应储存于塑料桶内，并立即贴上标签，注明试液名称、浓度及配制日期等。

按照《分析实验室用水规格和试验方法》（GB/T 6682—2008）要求，分析实验室用水分为 3 个级别：一级水用于有严格要求的分析检验（如高效液相色谱分析用水）；二级水用于无机痕量分析等实验（如原子吸收光谱分析用水）；三级水用于一般化学分析实验。

Ⅰ　95%乙醇溶液的配制

一、工作准备

1. 试剂

（1）无水乙醇（分析纯）。

（2）纯水：蒸馏水或去离子水，应符合 GB/T 6682—2008 要求。

2. 仪器和材料

（1）量筒：100mL。

（2）试剂瓶。

（3）玻璃棒。

二、操作步骤

（1）计算配制 100mL 95%乙醇溶液需要无水乙醇的量。

（2）用量筒量取 95mL 无水乙醇。

（3）加蒸馏水至 100mL。

（4）转移至试剂瓶后混合均匀。

（5）制作标签并贴于试剂瓶上。

三、注意事项

（1）配制后的乙醇应密封保存，放置在阴凉避光处。

（2）配制好的乙醇应在 1 周内使用完，以免放置时间太长，乙醇挥发，乙醇浓度降低，影响使用效果。

Ⅱ　0.9%生理盐水的配制

一、工作准备

1. 试剂

（1）NaCl（分析纯）。

（2）纯水：蒸馏水或去离子水，应符合 GB/T 6682—2008 要求。

2. 仪器和材料

（1）托盘天平：感量 0.1g。

（2）烧杯。

（3）玻璃棒。

（4）量筒：1 000mL。

（5）试剂瓶：1 000mL。

二、操作步骤

（1）用托盘天平称取 NaCl 9g，放入烧杯中。

（2）用量筒量取 1 000mL 蒸馏水，倒入上述烧杯中少量蒸馏水，搅拌溶解。将剩余蒸馏水全部倒入烧杯中，搅拌均匀。

（3）将上述溶液转移至试剂瓶，制作标签并贴于试剂瓶上。

三、注意事项

（1）生理盐水又称为无菌生理盐水，是指生理学实验或临床上常用的渗透压与动物或人体血浆的渗透压基本相等的 NaCl 溶液。用途不同其浓度与成分也不相同：用于两栖类动物时是 0.67%～0.70%，用于哺乳类动物和人体时是 0.85%～0.9%。人们平常打点滴（吊针）用的 NaCl 注射液浓度是 0.9%，可以当成生理盐水来使用。

（2）生理盐水一般应在实验前配制，且不宜放置过久，以免发生污染或某些成分发生化学变化而影响实验结果，或者先将溶液的各种成分分别配制成一定浓度的基础溶液备用，用时按比例取基础液配制。

Ⅲ HCl（1∶1）溶液的配制

1∶1 是体积比浓度，是指 1 体积的浓 HCl 与 1 体积的水混合而配制成的溶液。

一、工作准备

1. 试剂

（1）浓 HCl（分析纯）：36%～38%。

（2）纯水：蒸馏水或去离子水，应符合 GB/T 6682—2008 要求。

2. 仪器和材料

（1）量筒：100mL。

（2）烧杯。

（3）玻璃棒。

（4）试剂瓶：100mL。

二、操作步骤

（1）用量筒量取 50mL 蒸馏水，置于烧杯中。

（2）用另一个量筒量取 50mL 浓 HCl，倒入上述烧杯中，边加边用玻璃棒搅拌均匀。

（3）将上述溶液转移至试剂瓶中，制作标签并贴于试剂瓶上。

三、注意事项

由于 HCl 除自身具有的腐蚀性外，还属于易挥发物质，它所挥发出的 HCl 气体属于二级（高度危害）物质，故操作时要做好相应的防护并在机械通风下完成操作。

课堂习题

一、填空题

（1）配制 50mL 3mol/L H_2SO_4 溶液需取浓 H_2SO_4 的量是________mL，选择的量具是

________mL 容积的________，配制容器是 50mL 的________。

（2）实验室中配制 250mL 0.20mo1/L NaOH 溶液，所使用的玻璃仪器是________（试管、锥形瓶、容量瓶、分液漏斗）。

（3）300mL 某浓度的 NaOH 溶液中含有 60g 溶质，现欲配制 1mol/L NaOH 溶液，应取原溶液与蒸馏水的体积比约为________。

二、简答题

（1）简述 0.9%生理盐水的配制步骤。

（2）简述 HCl（1∶1）的配制步骤。

任务考核

配制 100mL 75%乙醇溶液操作标准及评分见表 3-2。

表 3-2　配制 100mL 75%乙醇溶液操作标准及评分

考核要素	评分要素	配分	评分标准		扣分	得分
基本操作	准备	30 分	物品摆放合理	10 分		
			仪器清洗洁净	10 分		
			试剂准备合理	10 分		
	配制	40 分	准确量取乙醇	10 分		
			加水操作规范	20 分		
			正确混匀	10 分		
	标签的制作	10 分	正确书写标签	10 分		
文明操作	实验结果	5 分	使用完毕器皿的清洗符合要求	5 分		
	统筹安排能力、工作态度	15 分	清理实验台，仪器、药品摆放整齐	10 分		
			完成时间符合要求	5 分		
总计						

任务二　配制常用缓冲溶液

☞ 任务描述

（1）查阅缓冲溶液配制的相关资料，熟悉缓冲溶液配制的方法。

（2）学习氨缓冲溶液、磷酸盐缓冲溶液等的配制方法及实验中常用的其他缓冲溶液的配制方法。

（3）练习配制常用的缓冲溶液。

任务要求

（1）掌握缓冲溶液的概念、组成和作用机制，以及影响缓冲溶液 pH 值的因素。

（2）熟悉缓冲溶液的配制原则、方法和步骤。

（3）了解化学检验中常用的缓冲溶液的配制方法和标准缓冲溶液的组成。

完成目的

（1）能根据需求对缓冲溶液进行选择。

（2）能独立进行缓冲溶液的配制。

（3）掌握常用缓冲溶液的配制方法及保存方法。

（4）在学与做的过程中培养团队协作意识，提高与人交往、合作能力，培养学生主动参与、积极进取、探究科学的学习态度。

知识点　缓 冲 溶 液

一、缓冲溶液

缓冲溶液

在化学实验工作中，常常需要使用缓冲溶液来维持实验体系的酸碱度。研究工作的溶液体系 pH 值的变化往往直接影响到研究工作的成效，所以配制缓冲溶液是一个不可或缺的关键步骤。纯水在 25℃时 pH 值为 7.0，但只要与空气接触一段时间，因为吸收 CO_2 其 pH 值降到 5.5 左右。1 滴浓 HCl（约 12.4mol/L）加入 1L 纯水中，可使$[H^+]$增加 5 000 倍左右（由 1.0×10^{-7}mol/L 增至 5×10^{-4}mol/L）；若将 1 滴 NaOH 溶液（12.4mol/L）加到 1L 纯水中，pH 值变化也有 3 个单位。可见纯水的 pH 值因加入少量的强酸或强碱而发生很大变化。然而，1 滴浓 HCl 加入 1L 乙酸-乙酸钠混合溶液或 NaH_2PO_4-Na_2HPO_4 混合溶液中，$[H^+]$ 的增加不到百分之一（从 1.00×10^{-7}mol/L 增至 1.01×10^{-7}mol/L），pH 值没有明显变化。这种能抵抗外来少量强酸、强碱或稍加稀释不引起溶液 pH 值发生明显变化的作用称为缓冲作用；具有缓冲作用的溶液，称为缓冲溶液。

缓冲溶液指的是由弱酸及其盐、弱碱及其盐组成的混合溶液，能在一定程度上抵消、减轻外加强酸或强碱对溶液酸碱度的影响，从而保持溶液的 pH 值相对稳定。

二、缓冲溶液的组成

缓冲溶液由足够浓度的共轭酸碱对组成。其中，能对抗外来强碱的称为共轭酸，能对抗外来强酸的称为共轭碱，这一对共轭酸碱通常称为缓冲对、缓冲剂或缓冲系。常见的缓冲对主要有以下三种类型。

（1）弱酸及其对应的盐，如乙酸-乙酸钠（HAc-NaAc）、碳酸-碳酸氢钠（H_2CO_3-$NaHCO_3$）。

（2）多元弱酸的酸式盐及其对应的次级盐，如碳酸氢钠-碳酸钠（$NaHCO_3$-Na_2CO_3）、磷酸二氢钠-磷酸氢二钠（NaH_2PO_4-Na_2HPO_4）、柠檬酸二氢钠-柠檬酸氢二钠（$NaH_2C_5HO_7$-$Na_2HC_6H_5O_7$）。

（3）弱碱及其对应的盐，如氨-氯化铵（NH_3-NH_4Cl）、伯胺及其盐（RNH_2-RNH_3A）。

三、缓冲溶液的作用原理

缓冲溶液是一种能对溶液酸度起稳定作用的溶液，我们以 HAc-NaAc 缓冲溶液为例，来说明缓冲溶液能抵抗少量强酸或强碱使溶液 pH 值维持稳定的作用原理。

在 HAc-NaAc 缓冲溶液体系中，HAc 是弱酸，在溶液中的离解度很小，主要以 HAc 分子形式存在。而 NaAc 是强电解质，在溶液中全部离解成 Na^+和 Ac^-，溶液中 HAc 与 Ac^-浓度都比较大。当向该缓冲溶液中加入少量强酸（如 HCl），溶液中的 H^+浓度会增大，增加的 H^+会与溶液中 Ac^-结合生成 HAc，从而维持溶液中 H^+浓度基本不变，即溶液 pH 值基本不变。同样在该缓冲溶液中加入少量强碱（如 NaOH），会使溶液中 OH^-的浓度增大，增加的 OH^-会与溶液中 HAc 结合生成 NaAc，降低因为少量强碱加入对溶液酸度造成的冲击，维持溶液 pH 值恒定。

对于多元酸酸式盐等两性物质组成的缓冲溶液体系，如 NaH_2PO_4-Na_2HPO_4 缓冲溶液，其缓冲作用原理与上述弱酸及其共轭碱和弱碱及其共轭酸组成的缓冲溶液体系缓冲原理相同，这里就不再赘述。此外，当缓冲溶液适量稀释时，随着缓冲体系中 H^+浓度降低，溶液中 HAc 的离解平衡就会被打破，HAc 会离解出 H^+补充由于稀释降低的 H^+浓度，从而维持溶液 pH 值基本不变。

四、缓冲溶液 pH 值的计算

亨德森方程式（又称为亨德森-哈塞尔巴尔赫方程式）如下：

$$pH = pK_a + \lg\frac{[共轭碱]}{[共轭酸]}$$

它表明缓冲溶液的 pH 值决定于共轭酸的离解常数 K_a 和组成缓冲溶液的共轭碱与共轭酸浓度的比值。对于一定的共轭酸，pK_a 为定值，所以缓冲溶液的 pH 值就决定于两者浓度的比值即缓冲比。当缓冲溶液加水稀释时，由于共轭碱和共轭酸的浓度受到同等程度的稀释，缓冲比是不变的；在一定的稀释度范围内，缓冲溶液的 pH 值实际上也几乎不变。

值得注意的是，方程式中酸及其共轭碱的浓度都是平衡时的浓度，除了酸性过强的情况下，由于同离子效应的存在，一般可用此式计算。

各种缓冲溶液具有不同的缓冲能力，其缓冲能力的大小用缓冲容量来衡量。缓冲溶液的缓冲容量越大，其缓冲能力越强。缓冲容量的大小与产生缓冲作用的组分浓度相关，其浓度越高，缓冲容量越大。此外，缓冲容量还与缓冲溶液中各组分浓度的比值有关，如果缓冲组分的总浓度一定，则缓冲组分的浓度比值为 1∶1 时，缓冲容量最大。在实际应用中，常采用缓冲溶液中共轭酸和共轭碱的组分浓度比为 $c_a:c_b=10:1$ 和 $c_a:c_b=1:10$ 作为缓冲溶液的缓冲范围，由亨德森方程式计算可知：

当 $c_a:c_b=10:1$ 时，$pH=pK_a-1$；$c_a:c_b=1:10$ 时，$pH=pK_a+1$。

因而，缓冲溶液 pH 值的缓冲范围为 $pH=pK_a\pm1$。例如，常用 HAc-NaAC 缓冲溶液缓冲范围为 $pH=4.74\pm1$，即 $pH=3.74\sim5.74$ 为 HAc-NaAC 缓冲溶液缓冲范围。同样的道理，NH_3-NH_4Cl缓冲溶液的缓冲范围为pH＝9.26±1，即NH_3-NH_4Cl在pH＝8.26～10.26时有缓冲作用。需要强调的是分析工作中选用的缓冲溶液应对分析过程没有干扰，分析所需控制的 pH 值应在缓冲溶液的缓冲范围之内，缓冲组分的浓度也应控制在 0.01～1.00mol/L，以保证其有足够的缓冲容量。

五、缓冲溶液的配制方法

首先，需要计算。只要知道缓冲对的 pH 值和要配制的缓冲液的 pH 值（及要求的缓冲液总浓度），就能按公式计算［盐］和［酸］的量。

其次，计算好后按计算结果准确称好固态化学成分，放于烧杯中，加少量蒸馏水溶解，转移入容量瓶，加蒸馏水至刻度，摇匀，就能得到所需的缓冲液。

各种缓冲溶液的配制，均按比例混合，某些试剂，必须标定配成准确浓度才能进行，如 HAc、NaOH 等。另外，所有缓冲溶液的配制用量都能从以上的算式准确获得。

常用的标准缓冲溶液有 $C_8H_5O_4K$ 溶液，KH_2PO_4 和 Na_2HPO_4 混合盐溶液、$Na_2B_4O_7$•$10H_2O$ 溶液，$KHC_8H_4O_4$ 等。国际理论（化学）与应用化学联合会规定了标准缓冲溶液具体的浓度及 pH 标准值。常见 pH 标准缓冲溶液的配制及不同温度时的 pH 值见表 3-3。

表 3-3　pH 标准缓冲溶液的配制及不同温度时的 pH 值

名称	配制	不同温度时的 pH 值									
草酸盐标准缓冲溶液	$c_{KH_3(C_2O_4)_2\cdot 2H_2O}$为 0.05mol/L。称取 12.71g $KH_3(C_2O_4)_2$•$2H_2O$ 溶于无 CO_2 的水中，稀释至 1 000mL	温度/℃	0	5	10	15	20	25	30	35	40
		pH 值	1.67	1.67	1.67	1.67	1.68	1.68	1.69	1.69	1.69
		温度/℃	45	50	55	60	70	80	90	95	—
		pH 值	1.70	1.71	1.72	1.72	1.74	1.77	1.79	1.81	—
酒石酸盐标准缓冲溶液	在 25℃时，用无 CO_2 的水溶解外消旋的酒石酸氢钾（$KHC_4H_4O_6$），并剧烈振荡至成饱和溶液	温度/℃	0	5	10	15	20	25	30	35	40
		pH 值	—	—	—	—	—	3.56	3.55	3.55	3.55
		温度/℃	45	50	55	60	70	80	90	95	—
		pH 值	3.55	3.55	3.55	3.56	3.58	3.61	3.65	3.67	—
邻苯二甲酸氢盐标准缓冲溶液	$c_{C_6H_4CO_2HCO_2K}$ 为 0.05mol/L，称取于(115.0±5.0)℃干燥 2～3h 的邻苯二甲酸氢钾($KHC_8H_4O_4$)10.21g，溶于无 CO_2 的蒸馏水，并稀释至 1 000mL（注：可用于酸度计校准）	温度/℃	0	5	10	15	20	25	30	35	40
		pH 值	4.00	4.00	4.00	4.00	4.00	4.01	4.01	4.02	4.04
		温度/℃	45	50	55	60	70	80	90	95	—
		pH 值	4.05	4.06	4.08	4.09	4.13	4.16	4.21	4.23	—
磷酸盐标准缓冲溶液	分别称取在（115.0±5.0)℃干燥 2～3h 的 Na_2HPO_4(3.53±0. 01)g 和 KH_2PO_4(3.39±0.01)g，溶于预先煮沸过 15～30min 并迅速冷却的蒸馏水中，并稀释至 1 000mL（注：可用于酸度计校准）	温度/℃	0	5	10	15	20	25	30	35	40
		pH 值	6.98	6.95	6.92	6.90	6.88	6.86	6.85	6.84	6.84
		温度/℃	45	50	55	60	70	80	90	95	—
		pH 值	6.83	6.83	6.83	6.84	6.85	6.86	6.88	6.89	—

续表

<table>
<tr><th>名称</th><th>配制</th><th colspan="10">不同温度时的 pH 值</th></tr>
<tr><td rowspan="4">硼酸盐标准缓冲溶液</td><td rowspan="4">$c_{Na_2B_4O_7·10H_2O}$ 称取 $Na_2B_4O_7·10H_2O$）（3.80±0.01）g（注意：不能烘干），溶于预先煮沸过 15～30min 并迅速冷却的蒸馏水中，并稀释至 1 000mL。置聚乙烯塑料瓶中密闭保存。存放时要防止空气中的 CO_2 的进入（注：可用于酸度计校准）</td><td>温度/℃</td><td>0</td><td>5</td><td>10</td><td>15</td><td>20</td><td>25</td><td>30</td><td>35</td><td>40</td></tr>
<tr><td>pH 值</td><td>9.46</td><td>9.40</td><td>9.33</td><td>9.27</td><td>9.22</td><td>9.18</td><td>9.14</td><td>9.10</td><td>9.06</td></tr>
<tr><td>温度/℃</td><td>45</td><td>50</td><td>55</td><td>60</td><td>70</td><td>80</td><td>90</td><td>95</td><td>—</td></tr>
<tr><td>pH 值</td><td>9.04</td><td>9.01</td><td>8.99</td><td>8.96</td><td>8.92</td><td>8.89</td><td>8.85</td><td>8.83</td><td>—</td></tr>
<tr><td rowspan="4">氢氧化钙标准缓冲溶液</td><td rowspan="4">在 25℃，用无 CO_2 的蒸馏水制备 Ca（OH）$_2$ 的饱和溶液。Ca（OH）$_2$ 溶液的浓度 $c_{1/2Ca(OH)_2}$ 应在（0.040 0～0.041 2）mol/L。Ca（OH）$_2$ 溶液的浓度可以酚红为指示剂，用 HCl 标准溶液（c_{HCl}=0.1mol/L）滴定测出。存放时要防止空气中的 CO_2 的进入。出现浑浊应弃去重新配制</td><td>温度/℃</td><td>0</td><td>5</td><td>10</td><td>15</td><td>20</td><td>25</td><td>30</td><td>35</td><td>40</td></tr>
<tr><td>pH 值</td><td>13.42</td><td>13.21</td><td>13.00</td><td>12.81</td><td>12.63</td><td>12.45</td><td>12.30</td><td>12.14</td><td>11.98</td></tr>
<tr><td>温度/℃</td><td>45</td><td>50</td><td>55</td><td>60</td><td>70</td><td>80</td><td>90</td><td>95</td><td>—</td></tr>
<tr><td>pH 值</td><td>11.84</td><td>11.71</td><td>11.57</td><td>11.45</td><td>—</td><td>—</td><td>—</td><td>—</td><td>—</td></tr>
</table>

注：为保证 pH 值的准确度，上述标准缓冲溶液必须使用 pH 基准试剂配制。

下面介绍常用缓冲溶液的配制。

1. 甘氨酸-盐酸缓冲液（0.05mol/L）

分别量取表 3-4 中 0.2mol/L 甘氨酸和 0.2mol/L HCl 体积数，混合后，再加水稀释至 200mL。

表 3-4 配制不同 pH 值甘氨酸-盐酸缓冲液

pH 值	0.2mol/L 甘氨酸体积 V_1/ mL	0.2mol/L HCl 体积 V_2/ mL	pH 值	0.2mol/L 甘氨酸体积 V_1/ mL	0.2mol/L HCl 体积 V_2/ mL
2.0	50	44.0	3.0	50	11.4
2.4	50	32.4	3.2	50	8.2
2.6	50	24.2	3.4	50	6.4
2.8	50	16.8	3.6	50	5.0

2. 邻苯二甲酸-盐酸缓冲液（0.05mol/L）

分别量取表 3-5 中 0.2mol/L 邻苯二甲酸（$C_8H_5O_4K$）溶液和 0.2mol/L HCl 溶液的体积数，混合后，再加水稀释到 20mL。

表 3-5 配制不同 pH 值邻苯二甲酸-盐酸缓冲液

pH 值	0.2mol/L 邻苯二甲酸体积 V_1/ mL	0.2mol/L HCl 体积 V_2/mL	pH 值	0.2mol/L 邻苯二甲酸体积 V_1/mL	0.2mol/L HCl 体积 V_2/mL
2.2	5	4.070	3.2	5	1.470
2.4	5	3.960	3.4	5	0.990
2.6	5	3.295	3.6	5	0.597
2.8	5	2.642	3.8	5	0.263
3.0	5	2.022			

3. 磷酸氢二钠-柠檬酸缓冲液

分别量取表 3-6 中 0.2mol/L Na_2HPO_4 溶液和 0.1mol/L$C_6H_8O_7$ · H_2O 的体积数，混合后，再加水稀释到 20mL。

表 3-6　配制不同 pH 值磷酸氢二钠-柠檬酸缓冲液

pH 值	0.2mol/L Na_2HPO_4 体积 V_1/ mL	0.1mol/L $C_6H_8O_7$ · H_2O 体积 V_2 / mL	pH 值	0.2mol/L Na_2HPO_4 体积 V_1/ mL	0.1mol/L $C_6H_8O_7$ · H_2O 体积 V_2 / mL
2.2	0.40	10.60	5.2	10.72	9.28
2.4	1.24	18.76	5.4	11.15	8.85
2.6	2.18	17.82	5.6	11.60	8.40
2.8	3.17	16.83	5.8	12.09	7.91
3.0	4.11	15.89	6.0	12.63	7.37
3.2	4.94	15.06	6.2	13.22	6.78
3.4	5.70	14.30	6.4	13.85	6.15
3.6	6.44	13.56	6.6	14.55	5.45
3.8	7.10	12.90	6.8	15.45	4.55
4.0	7.71	12.29	7.0	16.47	3.53
4.2	8.28	11.72	7.2	17.39	2.61
4.4	8.82	11.18	7.4	18.17	1.83
4.6	9.35	10.65	7.6	18.73	1.27
4.8	9.86	10.14	7.8	19.15	0.85
5.0	10.30	9.70	8.0	19.45	0.55

4. 柠檬酸-氢氧化钠-盐酸缓冲液

配制不同 pH 值柠檬酸-氢氧化钠-盐酸缓冲液如表 3-7 所示。

表 3-7　配制不同 pH 值柠檬酸-氢氧化钠-盐酸缓冲液

pH 值	Na^+浓度/（mol/L）	$C_6H_8O_7$ · H_2O 量 m_1/g	NaOH 97%量 m_2/g	HCl（浓）体积 V_1/ mL	最终体积 V_2/ mL
2.2	0.20	210	84	160	10
3.1	0.20	210	83	116	10
3.3	0.20	210	83	106	10
4.3	0.20	210	83	45	10
5.3	0.35	245	144	68	10
5.8	0.45	285	186	105	10
6.5	0.38	266	156	126	10

注：使用时可以每升中加入 1g 克酚，若最后 pH 值有变化，再用少量 50% NaOH 溶液或浓 HCl 调节，冰箱保存。

5. 柠檬酸-柠檬酸钠缓冲液（0.1mol/L）

分别量取表 3-8 中 0.1mol/L $C_6H_8O_7$ ·H_2O 溶液和 0.1mol/LNa_3 $C_6H_5O_7$ ·$2H_2O$ 溶液的体积数，混合。

表 3-8　配制不同 pH 值柠檬酸-柠檬酸钠缓冲液

pH 值	0.1mol/L $C_6H_8O_7 \cdot H_2O$/ mL	0.1mol/L $Na_3C_6H_5O_7 \cdot 2H_2O$/ mL	pH 值	0.1mol/L $C_6H_8O_7 \cdot H_2O$/ mL	0.1mol/L $Na_3C_6H_5O_7 \cdot 2H_2O$/ mL
3.0	18.6	1.4	5.0	8.2	11.8
3.2	17.2	2.8	5.2	7.3	12.7
3.4	16.0	4.0	5.4	6.4	13.6
3.6	14.9	5.1	5.6	5.5	14.5
3.8	14.0	6.0	5.8	4.7	15.3
4.0	13.1	6.9	6.0	3.8	16.2
4.2	12.3	7.7	6.2	2.8	17.2
4.4	11.4	8.6	6.4	2.0	18.0
4.6	10.3	9.7	6.6	1.4	18.6
4.8	9.2	10.8			

6. 乙酸-乙酸钠（HAc-NaAc）缓冲液

（1）乙酸-乙酸钠（HAc-NaAc）缓冲液（pH 值约为 3）。称取 0.8gNaAc·$3H_2O$ 溶于水，加 5.4mL 乙酸（冰醋酸），稀释至 1 000mL。

（2）乙酸-乙酸钠（HAc-NaAc）缓冲液（pH 值约为 4）。称取 54.4gNaAc·$3H_2O$ 溶于水，加 92mL 乙酸（冰醋酸），稀释至 1 000mL。

（3）乙酸-乙酸钠（HAc-NaAc）缓冲液（pH 值约为 4.5）。称取 164gNaAc·$3H_2O$ 溶于水，加 84mL 乙酸（冰醋酸），稀释至 1 000mL。

（4）乙酸-乙酸钠（HAc-NaAc）缓冲液（pH 值为 4～5）。称取 68gNaAc·$3H_2O$ 溶于水，加 28.6mL 乙酸（冰醋酸），稀释至 1 000mL。

（5）乙酸-乙酸钠（HAc-NaAc）缓冲液（pH 值约为 6）。称取 100gNaAc·$3H_2O$ 溶于水，加 5.7mL 乙酸（冰醋酸），稀释至 1 000mL。

7. 磷酸氢二钠-磷酸二氢钠缓冲液（0.2mol/L）

配制不同 pH 值磷酸氢二钠-磷酸二氢钠缓冲液如表 3-9 所示。

表 3-9　配制不同 pH 值磷酸氢二钠-磷酸二氢钠缓冲液

pH 值	0.2mol/LNa_2HPO_4/ mL	0.2mol/LNaH_2PO_4/ mL	pH 值	0.2mol/LNa_2HPO_4/ mL	0.2mol/LNaH_2PO_4/ mL
5.8	8.0	92.0	7.0	61.0	39.0
5.9	10.0	90.0	7.1	67.0	33.0
6.0	12.3	87.7	7.2	72.0	28.0
6.1	15.0	85.0	7.3	77.0	23.0
6.2	18.5	81.5	7.4	81.0	19.0
6.3	22.5	77.5	7.5	84.0	16.0
6.4	26.5	73.5	7.6	87.0	13.0
6.5	31.5	68.5	7.7	89.5	10.5
6.6	37.5	62.5	7.8	91.5	8.5
6.7	43.5	56.5	7.9	93.0	7.0
6.8	49.5	51.0	8.0	94.7	5.3
6.9	55.0	45.0			

课堂习题

一、填空题

（1）缓冲溶液具有________作用，在反应生成或外加少量的强酸、强碱后，也能保持溶液的________基本不变。

（2）缓冲溶液由足够浓度的________组成。常见的缓冲对有________、________、________三种类型。

二、简答题

（1）简述 pH 值为 2～4 的甘氨酸-盐酸缓冲液（0.05mol/L）的配制方法。

（2）简述 pH 值为 4～5 的乙酸-乙酸钠（HAc-NaAc）缓冲液的配制方法。

技能点　缓冲溶液的配制

I　氨缓冲溶液的配制（pH 值约为 10）

一、工作准备

缓冲溶液的配制

1. 试剂

（1）NH_4Cl（分析纯）。

（2）$NH_3 \cdot H_2O$（分析纯）：25%～28%。

（3）纯水：蒸馏水或去离子水，应符合 GB/T 6682—2008 要求。

2. 仪器和材料

（1）电子分析天平：感量 0.001g。

（2）烧杯。

（3）玻璃棒。

（4）量筒：100mL。

（5）容量瓶：1 000mL。

（6）试剂瓶：1 000mL。

3. 参考标准

《化学试剂 试验方法中所用制剂及制品的制备》（GB/T 603—2002）。

二、操作步骤

（1）用电子分析天平称取 26.7g NH_4Cl，置于烧杯中，加少量水溶解。

（2）用量筒量取 36mL $NH_3 \cdot H_2O$，倒入上述烧杯中，用玻璃棒搅拌均匀。

（3）将其转至 1 000mL 容量瓶中，用少量蒸馏水涮洗烧杯，涮洗后的水并入容量瓶，重复此操作 2～3 次。用蒸馏水定容至容量瓶刻度处，混匀。

（4）将上述溶液转移至试剂瓶，制作标签。

Ⅱ　磷酸盐缓冲溶液的配制（0.2mol/L，pH 值为 5.7～8.0）

一、工作准备

1. 试剂

（1）Na_2HPO_4（分析纯）。

（2）NaH_2PO_4（分析纯）。

（3）纯水：蒸馏水或去离子水，应符合 GB/T 6682—2008 要求。

2. 仪器和材料

（1）电子分析天平：感量 0.001g。

（2）烧杯。

（3）玻璃棒。

（4）量筒：100mL。

（5）容量瓶：1 000mL。

（6）试剂瓶：1 000mL。

二、操作步骤

（1）0.2mol/L 的 NaH_2PO_4 的配制：用电子分析天平称取 $NaH_2PO_4 \cdot 2H_2O$ 31.2g（或 $NaH_2PO_4 \cdot H_2O$ 27.6g）加去 CO_2 蒸馏水至 1 000mL 溶解。转移试剂瓶，并制作标签。

（2）0.2mol/L 的 Na_2HPO_4 的配制：用电子分析天平称取 $Na_2HPO_4 \cdot 12H_2O$ 71.632g（或 $Na_2HPO_4 \cdot 7H_2O$ 53.6g 或 $Na_2HPO_4 \cdot 2H_2O$ 35.6g），加去 CO_2 蒸馏水至 1 000mL 溶解，转移入试剂瓶，并制作标签。

（3）0.2mol/L 的磷酸缓冲液的配制：可根据表 3-9，按要求 pH 值对上述两种溶液进行混合。

Ⅲ　标准缓冲溶液的配制（pH 值为 4.00，pH 值为 6.86，pH 值为 9.18）

一、工作准备

1. 试剂

（1）邻苯二甲酸氢钾（分析纯）。

（2）KH_2PO_4（分析纯）。

（3）Na_2HPO_4（分析纯）。

（4）$Na_2B_4O_7 \cdot 10H_2O$（分析纯）。

（5）纯水：蒸馏水或去离子水，应符合 GB/T 6682—2008 要求。

2. 仪器和材料

（1）电子分析天平：感量 0.001g。

（2）烧杯。

（3）玻璃棒。

（4）容量瓶：1 000mL。

（5）试剂瓶：1 000mL。

（6）电炉。

（7）电热干燥箱。

二、操作步骤

1. pH 值为 4.01 的邻苯二甲酸氢钾缓冲溶液

用电子分析天平称取在 110℃干燥箱烘干的邻苯二甲酸氢钾 10.211g 置于烧杯中，加少量蒸馏水，用玻璃棒搅拌溶解后移入容量瓶，数次清洗烧杯和玻璃棒，溶液移入容量瓶，定容至 1 000mL，此溶液的 pH 值为 4.01（25℃）。将溶液转移至试剂瓶，并贴标签。

2. pH 值为 6.86 的磷酸盐缓冲溶液

用电子分析天平称取在 110℃干燥箱烘干的 $KH_2PO_4$3.387g 和 $Na_2HPO_4$3.533g 置于烧杯中，加少量去 CO_2 蒸馏水，用玻璃棒搅拌溶解后移入容量瓶，数次清洗烧杯和玻璃棒，溶液移入容量瓶，定容至 1 000mL，此溶液的 pH 值为 6.86（25℃）。将溶液转移至试剂瓶，并贴标签。

3. pH 值为 9.18 的硼酸钠缓冲溶液

用电子分析天平称取 $Na_2B_4O_7 \cdot 10H_2O$ 3.810g 置于烧杯中，加少量去 CO_2 蒸馏水，用玻璃棒搅拌溶解后移入容量瓶，数次清洗烧杯和玻璃棒，溶液移入容量瓶，定容至 1 000mL，此溶液的 pH 值为 9.18（25℃）。将溶液转移至试剂瓶，并贴标签。

三、注意事项

（1）一般缓冲溶液储于硬质玻璃瓶或塑料瓶中，能稳定 1～2 个月。

（2）配制标准缓冲溶液所用的水，应预先煮沸 15～30min，除去溶解的 CO_2。在冷却过程中应避免与空气接触，以防止 CO_2 的污染，待用。

课堂习题

简答题

（1）缓冲溶液的选择原则是什么？

（2）配制缓冲溶液用水有哪些要求？

（3）配制缓冲溶液有哪些注意事项？

任务考核

配制 pH 值为 6.86 的磷酸标准缓冲溶液的操作标准及评分见表 3-10。

表 3-10　配制 pH 值为 6.86 的磷酸标准缓冲溶液的操作标准及评分

考核要素	评分要素	配分	评分标准		扣分	得分
基本操作	准备	30 分	物品摆放合理	10 分		
			仪器清洗洁净	10 分		
			试剂准备符合要求	10 分		

续表

考核要素	评分要素	配分	评分标准		扣分	得分
基本操作	配制	40分	准确称量	10分		
			正确溶解	20分		
			正确转移	10分		
	标签的制作	10分	正确书写标签	10分		
文明操作	实验结果	5分	使用完毕器皿的清洗符合要求	5分		
	统筹安排能力、工作态度	15分	清理实验台，仪器、药品摆放整齐	10分		
			完成时间符合要求	5分		
总计						

任务三　配制常用标准滴定溶液

任务描述

（1）查阅标准滴定溶液配制的相关资料，熟悉标准溶液的概念、应用和配制的方法。

（2）学习 NaOH、HCl 等标准滴定溶液的配制方法，以及实验中用到的其他标准溶液的配制方法。

（3）练习配制与标定常用的标准滴定溶液。

任务要求

（1）掌握标准滴定溶液的概念和基准物质的概念。

（2）掌握标准滴定溶液的配制与标定方法。

（3）了解化学实验中常用的标准滴定溶液的类型。

完成目的

（1）能根据实验需求对基准物质进行选择和正确使用。

（2）能独立进行标准滴定溶液的配制。

（3）能够准确地计算出溶液的浓度。

（4）在学与做的过程中培养团队协作意识，提高与人交往、合作能力，培养学生主动参与、积极进取、探究科学的学习态度。

知识点一　标 准 溶 液

为保证检验结果准确可靠，并具有公认的可比性，必须使用标准物质标定溶液浓度、校准仪器和评价分析方法。因此，标准物质是测定物质组成、结构或其他有关特性量值过程中不可缺少的一种计量标准。目前我国已有 1 000 多种标准物质，如食品检验中标定溶液浓度的基准试剂，冶金、机械部门研制并得到广泛应用的矿物、纯金属、合金、钢铁等标准试样。

标准溶液

一、标准溶液

标准溶液指的是具有准确已知浓度的试剂溶液，在滴定分析中常用滴定剂。在其他的分析方法中用标准溶液绘制工作曲线或作计算标准。按照用途的不同，又分为滴定分析用标准溶液、杂质测定用标准溶液和 pH 值测量用标准溶液。

1. 滴定分析用标准溶液

滴定分析用标准溶液主要用于测定试样中主体成分或常量成分，配制方法以《化学试剂 标准滴定溶液的制备》(GB/T 601—2016) 为依据，一是用一级或二级标准物质（称为基准试剂）直接配制；二是用分析纯以上规格的试剂配成接近所需浓度的溶液，再用标准物质进行测定（称为标定）。

标准滴定溶液用物质的量浓度表示，符号为 c_B，单位为 mol/L，意指每升溶液中含有的滴定剂 B 为基本单元的物质的量（mol）。例如，某硫酸标准滴定溶液浓度为 $c_{1/2H_2SO_4}$＝0.100 0mol/L，又如，$c_{1/5KMnO_4}$＝0.10 21mol/L。

2. 杂质测定用标准溶液

杂质测定用标准溶液又称仪器分析用标准溶液，《化学试剂 杂质测定用标准溶液的制备》(GB/T 602—2002) 给出了多种杂质标准溶液的制备方法。该种溶液所含的元素、离子、化合物或基团的量，以每毫升含有多少毫克表示。该标准规定的多数标准溶液浓度为 0.1mg/mL，少数是 1mg/mL，仅一种是 10mg/mL。规定浓度下溶液比较稳定，可称为储备液，当需要使用更低浓度时可按要求稀释，制成标准系列溶液。

3. pH 值测量用标准溶液

当用 pH 计测量溶液的酸度时，必须先用 pH 标准缓冲溶液对 pH 计进行校正。pH 标准缓冲溶液的浓度用 mol/L 表示，并接近待测溶液的 pH 值，其 pH 值是在一定温度下，经过实验精确测定的。6 种 pH 标准缓冲溶液在不同温度下的 pH 值见表 3-11，其准确度为±0.01。

表 3-11　pH 标准缓冲溶液在不同温度下的 pH 值

试剂浓度/（mol/L）	温度					
	10℃	15℃	20℃	25℃	30℃	35℃
$KHC_2O_4 \cdot H_2C_2O_7 \cdot 2H_2O$ 0.05	1.67	1.67	1.68	1.68	1.68	1.69
$KHC_4H_4O_6$（饱和）	—	—	—	3.56	3.55	3.55
$C_8H_5O_4K$ 0.05	4.00	4.00	4.00	4.00	4.01	4.02
$Na_2HPO_4$0.025；KH_2PO_4 0.025	6.92	6.90	6.88	6.86	6.85	6.84
$Na_2B_4O_7 \cdot 10H_2O$ 0.01	9.33	9.28	9.23	9.18	9.14	9.11
$Ca(OH)_2$（饱和）	13.01	12.82	12.64	12.46	12.29	12.13

配制 pH 标准缓冲溶液纯水的电导率应不大于 0.02ms/m，配制碱性溶液所用纯水应预先煮沸 15min 以上，以除去其中的 CO_2。

有的 pH 基准试剂有袋装产品，使用很方便，直接将袋内的试剂全部溶解并稀释至规定体积即可。缓冲溶液一般可保存 2～3 个月，若发现浑浊、沉淀或发霉，则须重新配制。

二、标准溶液的配制方法

标准溶液的配制方法有两种，一种是直接法，即准确称量一定量的基准物质，用适当溶剂溶解后定容至容量瓶里。如果试剂符合基准物质的要求（组成与化学式相符，纯度高、稳定），可以直接配制标准溶液，即准确称出适量的基准物质，溶解后配制在一定体积的容量瓶内。可由下式计算应称取的基准物质的质量 m 为

$$m=cVM$$

式中，c——所需配制的溶液的摩尔浓度；

V——所需配制溶液的体积；

M——基准物质的摩尔质量。

利用上式可计算出标准溶液的浓度。另一种是标定法，很多物质不符合基准物质的条件，不适合直接配制标准溶液。即先配制成近似需要的浓度，再用基准物质或用已经被基准物质标定过的标准溶液来确定准确浓度。

三、标准溶液的保存

1. 标准溶液的保存方法

（1）标准溶液一般用磨口瓶保存，以防止溶液蒸发和异物混入。

（2）盛放标准溶液的容器上应贴上标签，内容包括标准溶液名称、介质、浓度、配制日期、配制人、有效期。

（3）标准溶液的有效期除另有规定外，一般标准储备液为 6 个月，浊度标准储备液在冷处避光保存条件下，可在 2 个月内使用，超过期限的标准溶液应重新配制。

2. 标准溶液参考有效期

根据《实验室质量控制规范 食品理化检测》（GB/T 27404—2002），标准溶液参考有效期如下。

（1）标准滴定溶液：标准滴定溶液常温保存，有效期为 2 个月。标准滴定溶液浓度小于或等于 0.02mol/L 时，应该在临用前稀释配制。

（2）农兽药标准溶液：用于农药兽药残留检测的标准溶液，一般配制成浓度为 0.5～1mg/mL 的标准储备液，保存在 0℃的冰箱中，有效期 6 个月；稀释成浓度为 0.5～1μg/mL 或者适当浓度的标准工作液，保存在 0～5℃冰箱中，有效期 2～3 周。

（3）元素标准溶液：元素标准溶液一般配制成浓度为 100μg/mL 的标准储备液，保存在 0～5℃的冰箱中，有效期 6 个月；稀释为 1～10μg/mL 或者适当浓度的标准工作曲线，保存在 0～5℃冰箱中，有效期 1 个月。

四、标准溶液的使用

（1）标准溶液使用前必须摇匀。

（2）使用新标准储备液所配制的标准溶液，应与原标准溶液进行对比，如不完全一致，应向配制人员提出复检。

（3）如样品不符合规定或在限度边缘，应重新配制标准溶液再进行复查。

（4）使用过程中发现标准溶液出现浑浊、沉淀等异常情况或超过使用期限的，应立即停用。

（5）各种滴定液的配制、标定可参考国家标准《化学试剂 标准滴定溶液的制备》（GB/T 601—2016）。

课堂习题

填空题

（1）标准溶液是________的试剂溶液，在滴定分析中常用作________。

（2）标准溶液按照用途不同分为________、________、________三类。

（3）滴定分析用标准溶液主要用于测定试样中________成分或________成分，配制方法以《________》（GB/T 601—2016）为依据，

（4）杂质测定用标准溶液又称仪器分析用标准溶液，配制方法依据是《________》（GB/T 602—2002）。

（5）标准滴定溶液常温保存，有效期为________；标准滴定溶液浓度小于或等于________时，应该在临用前稀释配制。

（6）使用过程中若发现标准溶液浑浊，则应立即________。

知识点二　基 准 试 剂

一、标准物质

基准试剂

标准物质（RM）是一种已经确定了具有一个或多个足够均匀的特性值的物质或材料，作为分析测量行业中的“量具”，在校准测量仪器和装置、评价测量分析方法、测量物质或材料特性值和考核检验人员的操作技术水平，以及在生产过程中产品的质量控制等领域起着不可或缺的作用。

1. 标准物质级别

标准物质的特性值准确度是划分级别的依据，不同级别的标准物质对其均匀性和稳定性及用途都有不同的要求。通常把标准物质分为一级标准物质和二级标准物质。

一级标准物质主要用于标定比它低一级的标准物质、校准高准确度的计量仪器、研究与评定标准方法；二级标准物质主要用于满足一些一般的检测需求，以及社会行业的一般要求，作为工作标准物质直接使用，用于现场方法的研究和评价，用于较低要求的日常分析测量。

2. 标准物质分类

标准物质可以是纯的或混合的气体、液体或固体。例如，校准黏度计用的水、量热法中作为热容量校准物的蓝宝石、化学分析校准用的溶液。标准物质和化学试剂没有必然的联系。标准物质可以是高纯的化学试剂（但高纯试剂不一定就是标准物质，还要看是否符合标准物质的特征及是否有相应的标准证书），也可以是按照一定的比例配制的混

合物（如 pH 标准缓冲溶液），甚至可以是一些天然样品按照一定的方法制备的具有复杂成分的标准样品（如临床分析中的标准物质、工业上不同品质的样品）。

有证标准物质是附有证书的标准物质，其一种或多种特性量值用建立了溯源性的程序确定，使之可溯源到准确复现的表示该特性值的测量单位，每一种认定的特性量值都附有给定置信水平的不确定度。

有证标准物质一般成批制备，其特性量值是通过对代表整批物质的样品进行测量而确定，并具有规定的不确定度。所有有证标准物质均应符合中国计量规范《通用计量术语及定义》中给出的“国家测量标准”的定义。有证标准物质（CRM）是标准物质（RM）中的一个特殊类别，须附有符合一定要求的认定证书。标准物质（RM）可以是有证标准物质（CRM），也可以是非有证标准物质。

3. 标准物质的特性

准确性、均匀性和稳定性是标准物质量值的特性和基本要求。

（1）准确性。通常标准物质证书中会同时给出标准物质的标准值和计量的不确定度，不确定度的来源包括称量、仪器、均匀性、稳定性、不同实验室之间及不同方法所产生的不确定度均需计算在内。

（2）均匀性。均匀性是物质的某些特性具有相同组分或相同结构的状态。计量方法的精密度即标准偏差可以用来衡量标准物质的均匀性，精密度受取样量的影响，标准物质的均匀性是对给定的取样量而言的，均匀性检验的最小取样量一般都会在标准物质证书中给出。

（3）稳定性。稳定性是指标准物质在指定的环境条件和时间内，其特性值保持在规定的范围内的能力。

二、基准物质

基准物质是分析化学中用于直接配制标准溶液或标定滴定分析中操作溶液浓度的物质。我国习惯上将滴定分析用的工作基准试剂和某些纯金属这两类标准物质称为基准物质。基准物质应符合五项要求。

（1）组成与它的化学式严格相符。若含结晶水，其结晶水的含量也应该与化学式相符合，如 $H_2C_2O_4 \cdot 2H_2O$。

（2）纯度足够高，主成分含量在 99.9%以上，且所含杂质不影响滴定反应的准确度。

（3）性质稳定，如不易吸收空气中的 H_2O、CO_2，不易被空气中的 O_2 所氧化。

（4）参加反应时，按反应式定量地进行，不易发生副反应。

（5）最好有较大的摩尔质量，在配制标准溶液时可以称取较多的量，以减少称量的相对误差。滴定分析中常用的基准物质见表 3-12。

表 3-12　滴定分析中常用的基准物质

基准物质	化学式	干燥条件（至恒重）	标定对象
无水碳酸钠	Na_2CO_3	270～300℃	酸
硼砂	$Na_2B_4O_7 \cdot 10H_2O$	放在含 NaCl 和蔗糖饱和溶液的干燥器中	酸

续表

基准物质	化学式	干燥条件（至恒重）	标定对象
邻苯二甲酸氢钾	$C_8H_5O_4K$	105～110℃	碱
草酸	$H_2C_2O_4 \cdot 2H_2O$	室温空气干燥	碱或 $KMnO_4$
重铬酸钾	$K_2Cr_2O_7$	140℃	还原剂
溴酸钾	$KBrO_3$	130℃	还原剂
碘酸钾	KIO_3	130℃	还原剂
铜	Cu	室温干燥器中保存	还原剂
三氧化二砷	As_2O_3	室温干燥器中保存	还原剂
草酸钠	$Na_2C_2O_4$	105～110℃	$KMnO_4$
碳酸钙	$CaCO_3$	110℃	EDTA
锌	Zn	室温干燥器中保存	EDTA
氧化锌	ZnO	800℃	EDTA
氯化钠	NaCl	500～550℃	$AgNO_3$
硝酸银	$AgNO_3$	H_2SO_4 干燥器	氯化物或硫氰酸盐

基准物质要预先按规定的方法进行干燥。配制标准溶液要选用符合实验要求的纯水。络合滴定和沉淀滴定对纯水的质量要求较高，一般要求高于三级水的标准，其他标准溶液通常使用三级水。

课堂习题

一、填空题

（1）标准物质的________是划分级别的依据，不同级别的标准物质对其均匀性和稳定性及用途都有不同的要求。通常把标准物质分为________和________。

（2）________（CRM）是________（RM）中的一个特殊类别，须附有符合一定要求的认定证书。________（RM）可以是________（CRM），也可以是非有证标准物质。

（3）________、________和________是标准物质量值的特性和基本要求。

二、简答题

（1）简述不同级别标准物质的适用情况。

（2）简述基准物应符合的要求。

技能点一　0.1mol/L NaOH 标准滴定溶液的配制与标定

NaOH 标准滴定溶液主要用于滴定分析法，又称容量分析法，将已知准确浓度的标准溶液滴加到被测溶液中（或者将被测溶液滴加到标准溶液中），直到所加的标准溶液与待测溶液按化学计量关系定量反应为止，然后测量标准溶液消耗的体积，根据标准溶液的浓度和所消耗的体积，算出待测物质的含量。这种定量分析的方法称为滴定分析法，它是一种简便、快速和应用广泛的定量分析方法，在常量分析中有较高的准确度。

0.1mol/L NaOH 标准滴定溶液的配制与标定

一、工作准备

1. 试剂

（1）NaOH（分析纯）。

（2）邻苯二甲酸氢钾（基准试剂）。

（3）纯水：蒸馏水或去离子水，应符合 GB/T 6682—2008 要求。

（4）无 CO_2 的蒸馏水：将蒸馏水适量注入烧杯中，煮沸 10min，然后用装有钠石灰管的胶塞塞紧，冷却备用。

（5）酚酞指示剂溶液（10g/L）（配制方法可参照本项目任务一）。

2. 仪器和材料

（1）托盘天平：感量 0.1g。

（2）烧杯。

（3）玻璃棒。

（4）称量瓶、干燥器。

（5）试剂瓶：100mL。

（6）电子分析天平：感量 0.000 1g。

（7）碱式滴定管：50mL。

（8）容量瓶：1 000mL。

（9）电热干燥箱。

3. 参考标准

《化学试剂 标准滴定溶液的制备》（GB/T 601—2016）。

二、操作步骤

（1）配制 NaOH 饱和溶液：用托盘天平称取 110g NaOH，溶于 100mL 无 CO_2 的水中，摇匀，注入聚乙烯容器中并制作标签，密闭放置至溶液清亮。

（2）配制 0.1mol/L NaOH 标准滴定溶液：按表 3-13 的规定量用塑料管量取上层清液 5.4mL，用无 CO_2 的水稀释至 1 000mL，摇匀。

表 3-13 配制不同浓度的 NaOH 标准滴定溶液所需 NaOH 饱和溶液的体积

NaOH 标准滴定溶液的浓度 c_{NaOH}/（mol/L）	NaOH 饱和溶液的体积 V/mL
1	54
0.5	27
0.1	5.4

（3）标定 0.1mol/L NaOH 标准滴定溶液：①将工作基准试剂邻苯二甲酸氢钾在 105～110℃干燥箱中干燥至恒重。②按表 3-14 的规定用电子分析天平称取恒重的邻苯二甲酸氢钾 0.75g（称量精确到 0.000 1g，并记录其详细数值），置于锥形瓶中，加无 CO_2 的水 50mL 溶解，加 2 滴酚酞指示液（10g/L）备用。③碱式滴定管中装配制好的 NaOH 溶液，用其滴定至溶液呈粉红色，并保持 30s 不褪色。④按上述方法，至少做 4 个平行实验，

同时做空白实验。

表 3-14　标定不同浓度 NaOH 标准滴定溶液所需邻苯二甲酸氢钾的质量及无 CO_2 水的体积

NaOH 标准滴定溶液的浓度 c_{NaOH}/（mol/L）	工作基准试剂邻苯二甲酸氢钾的质量 m/g	无 CO_2 水的体积 V/mL
1	7.5	80
0.5	3.6	80
0.1	0.75	50

三、原始数据记录

NaOH 标准溶液标定原始记录见表 3-15。

表 3-15　NaOH 标准溶液标定原始记录

<table>
<tr><td colspan="2">药品名称</td><td colspan="2">NaOH 标准溶液</td><td>配制时间</td><td>年　月　日</td></tr>
<tr><td colspan="2">药品数量</td><td colspan="2"></td><td>温度</td><td></td></tr>
<tr><td colspan="2">执行标准</td><td colspan="2">GB/T 601—2016</td><td>标定时间</td><td>年　月　日</td></tr>
<tr><td colspan="2">基准药品名称</td><td colspan="4">邻苯二甲酸氢钾</td></tr>
<tr><td colspan="2">药品状态</td><td colspan="4"></td></tr>
<tr><td colspan="2">仪器、精度</td><td colspan="4">电子分析天平，±0.000 1g；50mL 碱式滴定管，0.1mL</td></tr>
<tr><td rowspan="7">标定实验</td><td colspan="5">化验员：</td></tr>
<tr><td>序号</td><td colspan="2">基准药品用量 m/g</td><td>消耗标准溶液量 V_1/mL</td><td>NaOH 标准溶液的浓度 c_{NaOH} /（mol/L）</td></tr>
<tr><td>1</td><td colspan="2"></td><td></td><td></td></tr>
<tr><td>2</td><td colspan="2"></td><td></td><td></td></tr>
<tr><td>3</td><td colspan="2"></td><td></td><td></td></tr>
<tr><td>4</td><td colspan="2"></td><td></td><td></td></tr>
<tr><td>5</td><td colspan="4">空白 V_2:</td></tr>
<tr><td>NaOH 标准溶液的平均浓度 $c_{NaOH,平均}$ /（moL/L）</td><td colspan="5"></td></tr>
</table>

化验员：　　　　　　　　　　　　　　　　校核：

四、结果计算

NaOH 标准滴定溶液的浓度 c_{NaOH}，数值以摩尔每升（moL/L）表示，按式（3-1）计算：

$$c_{\text{NaOH}}=\frac{m\times1000}{(V_1-V_2)\ M} \tag{3-1}$$

式中，m——邻苯二甲酸氢钾质量的准确数值，g；

V_1——NaOH 溶液体积的数值，mL；

V_2——空白实验 NaOH 溶液体积的数值，mL；

M——邻苯二甲酸氢钾的摩尔质量的数值，g/mol［$M_{C_8H_5O_4K}=204.22$］。

五、注意事项

（1）配制 NaOH 溶液，以少量蒸馏水洗去固体 NaOH 表面可能有的 $NaCO_3$ 时，不能用玻璃棒搅拌，操作要迅速，以免 NaOH 溶解过多而减小溶液浓度。

（2）由于浓碱腐蚀玻璃，因此饱和 NaOH 溶液应当保存在塑料瓶或内壁涂有石蜡的瓶中。

（3）配制成的 NaOH 标准溶液应保存在装有虹吸管及碱石灰管的瓶中，防止吸收空气中的 CO_2。

（4）放置过久的 NaOH 溶液，其浓度会发生变化，使用时应重新标定。

（5）在滴定分析过程中，为进一步减少 CO_2 的进入，应使用加热煮沸后冷却至室温的蒸馏水，滴定时不能剧烈振荡锥形瓶。

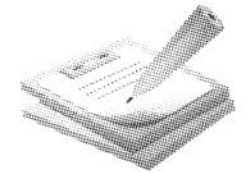

课堂习题

一、填空题

（1）标定 NaOH 溶液常用的基准物是________。

（2）配制 NaOH 溶液应用________水。

二、简答题

NaOH 标准滴定溶液的有效期是多久？放置过久的该溶液应怎样处理？

任务考核

配制与标定 0.1mol/L NaOH 标准滴定溶液操作标准及评分见表 3-16。

表 3-16　配制与标定 0.1mol/L NaOH 标准滴定溶液操作标准及评分

考核要素	评分要素	配分	评分标准		扣分	得分
基本操作	准备	20 分	物品摆放合理	5 分		
			仪器清洗洁净	5 分		
			正确试漏滴定管、容量瓶	10 分		
	0.1mol/L NaOH 标准滴定溶液的定容	15 分	正确使用吸量管	5 分		
			正确完成定容操作	10 分		
	标定	30 分	正确加入邻苯二甲酸氢钾、指示剂	5 分		
			正确完成滴定操作	10 分		
			准确判定滴定终点	5 分		
			正确完成平行操作	5 分		
			正确完成空白操作	5 分		
文明操作	实验结果	20 分	数据记录准确	10 分		
			正确进行结果计算	10 分		

续表

考核要素	评分要素	配分	评分标准		扣分	得分
	统筹安排能力、工作态度	15 分	安全文明操作	5 分		
			操作后清理实验台，仪器、药品摆放整齐	5 分		
			完成时间符合要求	5 分		
总计						

技能点二　0.1mol/L HCl 标准滴定溶液的配制与标定

一、工作准备

0.1mol/L HCl 标准滴定溶液的配制与标定

1. 试剂

（1）HCl（36%～38%分析纯）。

（2）无水 Na_2CO_3（基准试剂）。

（3）纯水：蒸馏水或去离子水，应符合 GB/T 6682—2008 要求。

（4）无 CO_2 的蒸馏水：将蒸馏水适量注入烧杯中，煮沸 10min，然后用装有钠石灰管的胶塞塞紧，冷却备用。

（5）溴甲酚绿-甲基红指示剂溶液（3∶1）（配制方法可参照本项目任务一）。

2. 仪器和材料

（1）电子分析天平：感量 0.000 1g。

（2）吸量管。

（3）容量瓶：1 000mL。

（4）酸式滴定管：50mL。

（5）锥形瓶：250mL。

（6）烧杯。

（7）试剂瓶：100mL。

（8）坩埚、坩埚夹。

（9）干燥器。

（10）玻璃棒。

（11）高温炉。

3. 参考标准

《化学试剂 标准滴定溶液的制备》（GB/T 601—2016）。

二、操作步骤

（1）配制 0.1mol/L HCl 标准滴定溶液：按表 3-17 的规定量，用吸量管吸取 9mL HCl（36%～38%），用无 CO_2 蒸馏水定容至 1 000mL，摇匀。

表 3-17　配制不同浓度 HCl 标准滴定溶液所需 HCl（36%～38%）的体积

HCl 标准滴定溶液的浓度 c_{HCl}/（mol/L）	HCl 溶液的体积 V/mL
1	90
0.5	45
0.1	9

（2）标定 0.1mol/L HCl 标准滴定溶液：①将工作基准试剂无水 Na_2CO_3 在 270～300℃高温炉中灼烧至恒重。②按表 3-18 的规定用电子分析天平称取恒重的无水 Na_2CO_3 0.2g（称量精确到 0.000 1g，并记录其详细数值），置于锥形瓶中，加 50mL 水溶解，加 10 滴溴甲酚绿-甲基红指示剂溶液（3∶1）混匀备用。③酸式滴定管中装配制好的 HCl 溶液，用其滴定至溶液由绿色变为暗红色，煮沸 2min，冷却后继续滴定至溶液再呈暗红色。④按上述方法，至少做 4 个平行实验，同时做空白实验。

表 3-18　配制不同浓度 HCl 标准滴定溶液所需无水 Na_2CO_3 的质量

HCl 标准滴定溶液的浓度 c_{HCl}/（mol/L）	工作基准试剂无水 Na_2CO_3 的质量 m/g
1	1.90
0.5	0.95
0.1	0.2

三、原始数据记录

HCl 标准溶液标定原始记录见表 3-19。

表 3-19　HCl 标准溶液标定原始记录

<table>
<tr><td colspan="3">药品名称</td><td>HCl 标准溶液</td><td>配制时间</td><td>年　月　日</td></tr>
<tr><td colspan="3">药品数量</td><td></td><td>温度</td><td></td></tr>
<tr><td colspan="3">执行标准</td><td>GB/T 601—2016</td><td>标定时间</td><td>年　月　日</td></tr>
<tr><td colspan="3">基准药品名称</td><td colspan="3">无水 Na_2CO_3</td></tr>
<tr><td colspan="3">药品状态</td><td colspan="3"></td></tr>
<tr><td colspan="3">仪器、精度</td><td colspan="3">电子天平，±0.000 1g；50mL 酸式滴定管，0.1mL</td></tr>
<tr><td rowspan="7">标定实验</td><td colspan="5">化验员：</td></tr>
<tr><td>序号</td><td colspan="2">基准药品用量 m/g</td><td>消耗标准溶液量 V_1/mL</td><td>HCl 标准溶液的浓度 c_{HCl}/（mol/L）</td></tr>
<tr><td>1</td><td colspan="2"></td><td></td><td></td></tr>
<tr><td>2</td><td colspan="2"></td><td></td><td></td></tr>
<tr><td>3</td><td colspan="2"></td><td></td><td></td></tr>
<tr><td>4</td><td colspan="2"></td><td></td><td></td></tr>
<tr><td>5</td><td colspan="4">空白 V_2：</td></tr>
<tr><td>HCl 标准溶液的平均浓度 $c_{HCl，平均}$/（moL/L）</td><td colspan="5"></td></tr>
</table>

化验员：　　　　　　　　　　校核：

四、结果计算

HCl 标准滴定溶液的浓度 c_{HCl}，数值以摩尔每升（mol/L）表示，按式（3-2）计算：

$$c_{HCl}=\frac{m\times1000}{(V_1-V_2)\ M} \tag{3-2}$$

式中，m——无水 Na_2CO_3 质量的准确数值，g；

V_1——HCl 溶液体积的数值，mL；

V_2——空白实验 HCl 溶液体积的数值，mL；

M——无水 Na_2CO_3 的摩尔质量的数值，g/mol（$M_{\frac{1}{2}Na_2CO_3}=52.994$）。

五、注意事项

（1）标定时，一般采用小份标定。在标准溶液浓度较稀（如 0.01mol/L），基准物质摩尔质量较小时，若采用小份则称样误差较大，可采用大份标定，即稀释法标定。

（2）无水 Na_2CO_3 标定 HCl 溶液，在接近终点时，应剧烈摇动锥形瓶加速 H_2CO_3 分解；或将溶液加热至沸，以赶出 CO_2，冷却后再滴定至终点。

课堂习题

填空题

（1）标定 HCl 溶液常用的基准物是________，指示剂是________。该基准物的烘干温度是________，烘干设备是________。

（2）配制 HCl 溶液时，吸取浓 HCl 应在________中进行，因为 HCl 溶液有________性。

（3）标定 HCl 溶液时，先用________滴定溶液由________色变为________色，然后煮沸________min，继续滴定，溶液变为________为实验终点。

任务考核

配制与标定 0.1mol/L HCl 标准滴定溶液操作标准及评分见表 3-20。

表 3-20　配制与标定 0.1mol/L HCl 标准滴定溶液操作标准及评分

考核要素	评分要素	配分	评分标准		扣分	得分
基本操作	准备	20 分	物品摆放合理	5 分		
			仪器清洗洁净	5 分		
			正确试漏滴定管、容量瓶	10 分		
	0.1mol/L HCl 标准滴定溶液的定容	15 分	正确使用吸量管	5 分		
			正确完成定容操作	10 分		

续表

考核要素	评分要素	配分	评分标准		扣分	得分
基本操作	标定	30分	正确加入 Na_2CO_3、指示剂	5分		
			正确完成滴定操作	10分		
			准确判定滴定终点	5分		
			正确完成平行操作	5分		
			正确完成空白操作	5分		
文明操作	实验结果	20分	数据记录准确	10分		
			正确进行结果计算	10分		
	统筹安排能力、工作态度	15分	安全文明操作	5分		
			操作后清理实验台，仪器、药品摆放整齐	5分		
			完成时间符合要求	5分		
总计						

技能点三　EDTA-2Na 标准滴定溶液的配制与标定

方　法　一

一、工作准备

EDTA-2Na 标准滴定溶液的配制与标定

1. 试剂

（1）EDTA-2Na（分析纯）。

（2）ZnO（基准试剂）。

（3）纯水：蒸馏水或去离子水，应符合 GB/T 6682—2008 要求。

（4）无 CO_2 的蒸馏水：将蒸馏水适量注入烧杯中，煮沸 10min，然后用装有钠石灰管的胶塞塞紧，冷却备用。

（5）HCl 溶液（20%）：量取 504mL HCl，稀释至 1 000mL［参考《化学试剂 试验方法中所用制剂及制品的制备》（GB/T 603—2002）］。

（6）$NH_3·H_2O$ 溶液（10%）：量取 400mL $NH_3·H_2O$，稀释至 1 000mL［参考《化学试剂 试验方法中所用制剂及制品的制备》（GB/T 603—2002）］。

（7）NH_3-NH_4Cl 缓冲溶液甲（pH 值约为 10）：称取 54gNH_4Cl，溶于少量水，加 350mL $NH_3·H_2O$，稀释至 1 000mL［参考《化学试剂 试验方法中所用制剂及制品的制备》（GB/T 603—2002）］。

（8）铬黑 T 指示液（5g/L）：称取 0.5g 铬黑 T 和 2g 盐酸羟胺（NH_3OHCl），溶于乙醇（95%），用乙醇（95%）稀释至 100mL。临用前制备［参考《化学试剂 试验方法中所用制剂及制品的制备》（GB/T 603—2002）］。

2. 仪器和材料

（1）电子分析天平：感量 0.000 1g。

（2）吸量管。

（3）容量瓶：1 000mL。

（4）碱式滴定管：50mL。

（5）锥形瓶：250mL。

（6）烧杯。

（7）试剂瓶：100mL。

（8）坩埚、坩埚夹。

（9）干燥器。

（10）玻璃棒。

（11）高温炉。

3. 参考标准

《化学试剂 标准滴定溶液的制备》（GB/T 601—2016）。

二、操作步骤

（1）配制 EDTA-2Na 标准滴定溶液：按表 3-21 的规定量用电子分析天平称取 EDTA-2Na，加 1 000mL 水，加热溶解，冷却，摇匀。

表 3-21 配制不同浓度 EDTA-2Na 标准滴定溶液所需溶质的质量

EDTA-2Na 标准滴定溶液的浓度 $c_{EDTA\text{-}2Na}$/（mol/L）	EDTA-2Na 的质量 m/g
0.1	40
0.05	20
0.02	8

（2）标定 EDTA-2Na 标准滴定溶液（$c_{EDTA\text{-}2Na}$ 0.1mol/L，$c_{EDTA\text{-}2Na}$ 0.05mol/L）：按表 3-22 的规定量用电子分析天平称取于（800±50）℃的高温炉中灼烧至恒量的工作基准试剂 ZnO，用少量水湿润，加 2mL HCl 溶液（20%）溶解，加 100mL 水，用 $NH_3 \cdot H_2O$ 溶液（10%）将溶液 pH 值调至 7～8，加 10mL NH_3-NH_4Cl 缓冲溶液甲（pH 值约为 10）及 5 滴铬黑 T 指示液（5g/L），用配制的 EDTA-2Na 溶液滴定至溶液由紫色变为纯蓝色。同时做空白实验。

表 3-22 标定 EDTA-2Na 标准滴定溶液所需 ZnO 的质量

EDTA-2Na 标准滴定溶液的浓度 $c_{EDTA\text{-}2Na}$/（mol/L）	工作基准试剂 ZnO 的质量 m/g
0.1	0.3
0.05	0.15

（3）标定 EDTA-2Na 标准滴定溶液（$c_{EDTA\text{-}2Na}$ 0.02mol/L）：用电子分析天平称取 0.42g 于（800±50）℃的高温炉中灼烧至恒重的工作基准试剂 ZnO，用少量水湿润，加 3mL HCl 溶液（20%）溶解，移入 250mL 容量瓶中，稀释至刻度，摇匀。取 35.00～40.00mL 该溶液，加 70mL 水，用 $NH_3 \cdot H_2O$ 溶液（10%）将溶液 pH 值调至 7～8，加 10mL NH_3-NH_4Cl 缓冲溶液甲（pH 值约为 10）及 5 滴铬黑 T 指示液（5g/L），用配制的 EDTA-2Na 溶液滴定至溶液由紫色变为纯蓝色。同时做空白实验。

三、原始数据记录

EDTA-2Na 标准溶液标定原始记录见表 3-23。

表 3-23　EDTA-2Na 标准溶液标定原始记录

化验员：　　　　　　　　　　　　　校核：

<table>
<tr><td>药品名称</td><td colspan="2">EDTA-2Na 标准溶液</td><td>配制时间</td><td>年　月　日</td></tr>
<tr><td>药品数量</td><td colspan="2"></td><td>温度</td><td></td></tr>
<tr><td>执行标准</td><td colspan="2">GB/T 601—2016</td><td>标定时间</td><td>年　月　日</td></tr>
<tr><td>基准药品名称</td><td colspan="4">ZnO</td></tr>
<tr><td>药品状态</td><td colspan="4"></td></tr>
<tr><td>仪器、精度</td><td colspan="4">电子天平，±0.000 1g；50mL 碱式滴定管，0.1mL</td></tr>
<tr><td rowspan="7">标定实验</td><td colspan="4">化验员：</td></tr>
<tr><td>序号</td><td>基准药品用量 m/g</td><td>消耗标准溶液量 V_1/mL</td><td>EDTA-2Na 标准溶液浓度 $c_{EDTA-2Na}$/（mol/L）</td></tr>
<tr><td>1</td><td></td><td></td><td></td></tr>
<tr><td>2</td><td></td><td></td><td></td></tr>
<tr><td>3</td><td></td><td></td><td></td></tr>
<tr><td>4</td><td></td><td></td><td></td></tr>
<tr><td>5</td><td colspan="3">空白 V_2：</td></tr>
<tr><td>EDTA-2Na 标准溶液平均浓度 $c_{EDTA-2Na}$，平均/（moL/L）</td><td colspan="4"></td></tr>
</table>

四、结果计算

EDTA-2Na 标准滴定溶液的浓度（$c_{EDTA-2Na}$＝0.1mol/L，$c_{EDTA-2Na}$＝0.05mol/L），数值以摩尔每升（mol/L）表示，按式（3-3）计算：

$$c_{EDTA}=\frac{m\times 1\,000}{(V_1-V_2)\times M} \tag{3-3}$$

式中，m——ZnO 质量的准确数值，g；

V_1——EDTA-2Na 溶液体积的数值，mL；

V_2——空白实验消耗 EDTA-2Na 溶液体积的数值，mL；

M——ZnO 的摩尔质量的数值，g/mol（M_{ZnO}＝81.408）。

EDTA-2Na 标准滴定溶液的浓度（$c_{EDTA-2Na}$＝0.02mol/L），数值以摩尔每升（mol/L）表示，按式（3-4）计算：

$$c_{EDTA}=\frac{m\times\left(\frac{V_1}{250}\right)\times 1\,000}{(V_2-V_3)\times M} \tag{3-4}$$

式中，m——ZnO 质量的准确数值，g；

V_1——ZnO 溶液体积的数值，mL；

V_2——EDTA-2Na 溶液体积的数值，mL；

V_3——空白实验消耗 EDTA-2Na 溶液体积的数值，mL；

M——ZnO 的摩尔质量的数值，g/mol（M_{ZnO}=81.408）。

方 法 二

一、工作准备

1. 试剂

（1）EDTA-2Na（基准试剂）。

（2）$Mg(NO_3)_2$（分析纯）。

（3）纯水：蒸馏水或去离子水，应符合 GB/T 6682—2008 要求。

（4）无 CO_2 的蒸馏水：将蒸馏水适量注入烧杯中，煮沸 10min，然后用装有钠石灰管的胶塞塞紧，冷却备用。

2. 仪器和材料

（1）$Mg(NO_3)_2$ 饱和溶液恒湿器。

（2）电子分析天平：感量 0.000 1g。

（3）烧杯。

（4）容量瓶：1 000mL。

（5）试剂瓶：1 000mL。

（6）玻璃棒。

3. 参考标准

《化学试剂 标准滴定溶液的制备》（GB/T 601—2016）。

二、操作步骤

（1）将适量工作基准试剂 EDTA-2Na 放于 $Mg(NO_3)_2$ 饱和溶液恒湿器中，放置 7d。

（2）按表 3-24 的规定量，用电子分析天平称取经过恒湿后的工作基准试剂 EDTA-2Na，溶于热水中，冷却至室温，移入 1 000mL 容量瓶中，稀释至刻度，转移至试剂瓶。

表 3-24 配制不同浓度 EDTA-2Na 标准滴定溶液所需溶质的质量

EDTA-2Na 标准滴定溶液的浓度 $c_{EDTA\text{-}2Na}$/（mol/L）	工作基准试剂 EDTA-2Na 的质量 m/g
0.1	37.22±0.50
0.05	18.61±0.50
0.02	7.44±0.30

三、原始数据记录

EDTA-2Na 标准溶液配制原始记录见表 3-25。

表 3-25　EDTA-2Na 标准溶液配制原始记录

药品名称	EDTA-2Na 标准溶液	配制时间	年　月　日
药品数量		温度	
执行标准	GB/T 601—2016	标定时间	年　月　日
基准药品名称	EDTA-2Na		
药品状态			
仪器、精度	电子天平，±0.000 1g；50mL 碱式滴定管，0.1mL		
配制	化验员：		
	基准试剂用量 m/g	EDTA-2Na 标准溶液浓度 $c_{EDTA\text{-}2Na}$ /（moL/L）	

化验员：　　　　　　　　　　校核：

四、结果计算

EDTA-2Na 标准滴定溶液的浓度（$c_{EDTA\text{-}2Na}$），数值以摩尔每升（mol/L）表示，按式（3-5）计算：

$$c_{EDTA}=\frac{m\times 1000}{V\times M} \tag{3-5}$$

式中，m——EDTA-2Na 质量的准确数值，g；

V——EDTA-2Na 溶液体积的数值，mL；

M——EDTA-2Na 的摩尔质量的数值，g/mol（$M_{EDTA\text{-}2Na}=372.24$）。

五、注意事项

（1）储藏时，置玻璃塞瓶中，避免与橡胶塞、橡胶管等接触。

（2）无水 Na_2CO_3 标定 HCl 溶液，在接近终点时，应剧烈摇动锥形瓶加速 H_2CO_3 分解；或将溶液加热至沸，以赶出 CO_2，冷却后再滴定至终点。

课堂习题

填空题

（1）标定 EDTA-2Na 溶液常用的基准物是________，指示剂是________。

（2）标定 EDTA-2Na 溶液时用的缓冲溶液 pH 值为________。

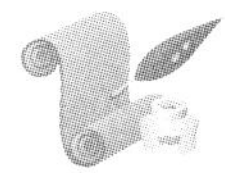

任务考核

配制与标定 0.1mol/L EDTA-2Na 标准滴定溶液操作标准及评分见表 3-26。

表 3-26　配制与标定 0.1mol/L EDTA-2Na 标准滴定溶液操作标准及评分

<table>
<tr><th>考核要素</th><th>评分要素</th><th>配分</th><th colspan="2">评分标准</th><th>扣分</th><th>得分</th></tr>
<tr><td rowspan="10">基本操作</td><td rowspan="3">准备</td><td rowspan="3">20 分</td><td>物品摆放合理</td><td>5 分</td><td></td><td></td></tr>
<tr><td>仪器清洗洁净</td><td>5 分</td><td></td><td></td></tr>
<tr><td>正确试漏滴定管、容量瓶</td><td>10 分</td><td></td><td></td></tr>
<tr><td rowspan="2">0.1mol/L EDTA-2Na 标准滴定溶液的定容</td><td rowspan="2">15 分</td><td>正确使用吸量管</td><td>5 分</td><td></td><td></td></tr>
<tr><td>正确完成定容操作</td><td>10 分</td><td></td><td></td></tr>
<tr><td rowspan="5">标定</td><td rowspan="5">30 分</td><td>正确加入 ZnO、指示剂</td><td>5 分</td><td></td><td></td></tr>
<tr><td>正确完成滴定操作</td><td>10 分</td><td></td><td></td></tr>
<tr><td>准确判定滴定终点</td><td>5 分</td><td></td><td></td></tr>
<tr><td>正确完成平行操作</td><td>5 分</td><td></td><td></td></tr>
<tr><td>正确完成空白操作</td><td>5 分</td><td></td><td></td></tr>
<tr><td rowspan="5">文明操作</td><td rowspan="2">实验结果</td><td rowspan="2">20 分</td><td>数据记录准确</td><td>10 分</td><td></td><td></td></tr>
<tr><td>正确进行结果计算</td><td>10 分</td><td></td><td></td></tr>
<tr><td rowspan="3">统筹安排能力、工作态度</td><td rowspan="3">15 分</td><td>安全文明操作</td><td>5 分</td><td></td><td></td></tr>
<tr><td>操作后清理实验台，仪器、药品摆放整齐</td><td>5 分</td><td></td><td></td></tr>
<tr><td>完成时间符合要求</td><td>5 分</td><td></td><td></td></tr>
<tr><td colspan="5">总计</td><td colspan="2"></td></tr>
</table>

项目四　样品的采集、制备与预处理

任务一　采 集 试 样

任务描述

（1）查阅样品采集的相关资料，熟悉样品采集的方法及注意事项。

（2）练习采集样品，归纳、总结不同样品的正确采样步骤。

任务要求

（1）了解样品采集的一般要求及注意事项。

（2）能正确对不同样品进行采样。

（3）掌握样品采集的一般方法。

完成目的

（1）学习样品采集的基本方法。

（2）能够在样品采集过程中准确把握采样的基本要求及注意事项。

（3）在学与做的过程中培养团队协作意识，提高与人交流、合作的能力，培养学生主动参与、积极进取、探究科学的学习态度。

知识点　采　　样

样品的采集简称采样，是根据一定的原则，借助于一定的仪器从被检对象中抽取供检验用样品的过程。在食品检验中，样品采集是极为重要的一个步骤。样品种类不同，采样数量及采样方法也不一样。但是，采样总的要求是采集得到的样品必须具有代表性，即所采取的样品能够代表食物的所有成分。采样时必须注意生产日期、批号和样品的代表性、均匀性，采样数量应能反映该食物的卫生质量和满足检验项目对试样量的需要，一般要求一式三份，分别共检验、复检及备查用，每份不少于 500g。

采样

采得样品后为了防止水分或其挥发性成分散失及其他待测成分变化，应尽快进行检验，尽量减少保存时间。如不能立即分析则应妥善保存，以保持其原有形状和组成，把样品离开总体后的变化较少到最低限度。

一、采样的要求

依据《食品卫生检验方法 理化部分 总则》(GB/T 5009.1—2003) 中对采样有以下要求。

（1）采样必须注意样品的生产日期、批号、代表性和均匀性（掺伪食品和食物中毒样品除外)。采集的数量应能反映该食品的卫生质量和满足检验项目对样品量的需要，一式三份，供检验、复验、备查或仲裁，一般散装样品每份不少于 0.5kg。

（2）采样容器根据检验项目，选用硬质玻璃瓶或聚乙烯制品。

（3）外埠食品应结合索取卫生许可证、生产许可证及检验合格证或化验单，了解发货日期、来源地点、数量、品质及包装情况。如在食品厂、仓库或商店采样时，应了解食品的生产批号、生产日期、厂方检验记录及现场卫生状况，同时应注意食品的运输、保存条件、外观、包装容器等情况。要认真填写采样记录，无采样记录的样品不得接受检验。

（4）液体、半流体饮食品如植物油、鲜乳、酒或其他饮料，如用大桶或大罐盛装者，应先充分混匀后再采样。样品应分别盛放在三个干净的容器中。

（5）粮食及固体食品应自每批食品上、中、下三层中的不同部位分别采取部分样品，混合后按四分法对角取样，再进行几次混合，最后取有代表性样品。

（6）肉类、水产等食品应按分析项目要求分别采取不同部位的样品或混合后采样。

（7）罐头、瓶装食品或其他小包装食品，应根据批号随机取样，同一批号取样件数，250g 以上的包装不得少于 6 个，250g 以下的包装不得少于 10 个。

（8）掺伪食品和食物中毒的样品采集，要具有典型性。

（9）检验后的样品保存。一般样品在检验结束后，应保留 1 个月，以备需要时复检。易变质食品不予保留，保存时应加封并尽量保持原状。检验取样一般皆指取可食部分，以所检验的样品计算。

（10）感官不合格产品不必进行理化检验，直接判为不合格产品。

二、采样的原则

采样时通常考虑样品的代表性、典型性、时效性及样品检测的程序性。

（1）样品的代表性。在采样中，食品因其生产批号、原料情况（来源、种类、地区、季节等）、加工工艺、储运条件及生产、销售人员的责任心和安全卫生意识对其质量有着重要的影响。所以，采样时必须考虑这些因素，使采集的样品能够真正反映其整体水平。

（2）样品的典型性。选择性样品的采集时要注意有针对性地采集能够达到检测目的的典型样品，通常包括下面几种情况。

① 对于重大活动的食品安全保障，应采集影响食品安全的关键控制的样品。

② 对于污染或疑似污染的食品，应采集接近污染源的食品或易被污染部分，同时还应采集确实被污染的同种食品样品以做空白对照实验。

③ 对于中毒或怀疑中毒的食品，由于样品种类较多，有呕吐物、排泄物、血液、肠胃内容物、剩余食物、药品和其他相关物质，应尽量针对性地选择含毒量最多的样品。

④ 对于掺假或怀疑掺假的食品，可针对性地采集有问题的典型样品，而不能用均匀的样品代表。

（3）样品的时效性。为了及时对重大活动的食品安全卫生提供保障，为食物中毒患者及时提供救治依据，采样的时间（及时性）和现场检测结果就显得尤为重要。

（4）样品检测的程序性。采样、检验、留样、报告均应按规定的程序进行，各阶段都要有完整的手续，责任分清。

三、采样的基本程序

采样的基本程序如图 4-1 所示，原始样品应由采样负责人（或由货主和检验单位委托的具有专业资格的采样人）按规定的采样程序和方法前往货批现场采集，由货主自己送达检验单位的受检样品不等同检样和原始样品，这种样品的检验结果在法律上不能作为货批的检验结果。采样工作的大部分时间和工作量应花在检样和原始样品的采集中。为了减少运输负担，有些缩分工作可在采得原始样品之后，立即在货批所在地进行，但通常是将原始样品带回检验单位后，在制备样品的过程中再缩分为平均样品。将平均样品分为实验样品、复检样品和保留样品的工作应当是在样品送回到分析单位后尽快进行。一旦获得实验样品，应当立即开始检验，同时进行复检样品和保留样品的保存工作。如果实际情况不允许立即对实验样品进行检验，这种样品也需按一定方法保留，不能使之变质。

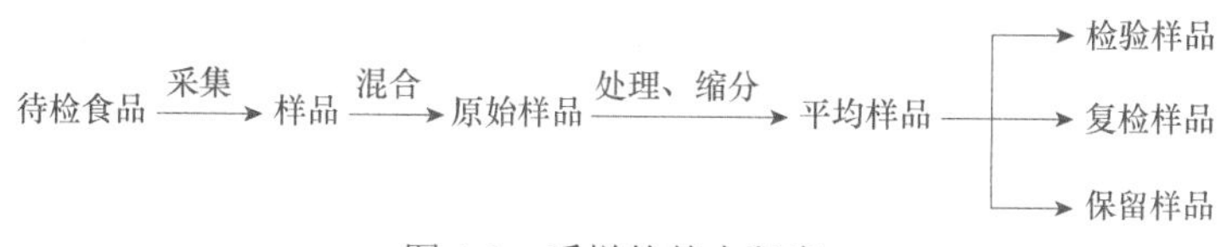

图 4-1　采样的基本程序

下面是采样工作中的术语。

（1）原始样品指按采样规则、采样方案和操作要求，从待测原料、产品或商品一个检验批的各个部位采集的检样保持其原有状态时的样品。不同食品、不同检验类别的一个检验批应采集的样本量和原始样品量常有规定，采样时应遵守。即使货批很小，原始样品的最低总量一般也不得少于 1kg（固体）或 4L（液体）。

（2）平均样品将原始样品按一定的均匀缩分法分出的作为全部检验用的样品。平均样品量应不少于实验样品量的 4 倍，通常，它的总量不得少于 0.5kg（固体）或 2L（液体）。

（3）实验样品由平均样品分出用于立即进行的全部项目检验用的样品。它的量不应少于全部检验项目需用量（设计各项目检验需用量时要考虑全部平行实验）。

（4）复检样品由平均样品分出用于复检用的样品。它的量与实验样品量相等。

（5）保留样品由平均样品分出用于在一定时间内保留，以备再次检验用的样品。它的量与实验样品量相等。

（6）缩分法。缩分指按一定的方法，不改变样品的代表性而缩小样品量的操作。一般在将原始样品转化为平均样品时使用。

① 原始样品的缩分方法依样品种类和特点而不同。颗粒状样品可采用四分法。即将样品混匀后堆成一圆堆，从正中按十字划分将其四等分，将对角的两份取出后，重新混匀堆成堆，再从正中按十字划分将其四等分，将对角的两份取出混匀，这样继续缩分到平均样品的需要量为止。

② 液体样品的缩分只要将原始样品搅匀或摇匀，直接按平均样品的需要量倒取或吸取平均样品即可。易挥发液体，应始终装在加盖容器内，缩分时可用虹吸法转移液体。

③ 不均匀的大个体生鲜原始样品（如水果）的缩分比较难。应先将原始样品按个体大小分类，然后将尺寸同类的样品分别缩分，最后把各类缩分样再混合，构成平均样品或直接构成实验、复检和保留样品。这类样品在转变为分析试样时，还得再次缩分，因为只有这时候才能将样品个体破碎。

四、采样方法

样品采集的方法既要满足采样要求，又尽量达到快速、准确、成本低和配合实务。食品检验样品的具体采集方法是概率抽样的具体体现，常见的是简单随机抽样和代表性抽样及它们的配合。概率抽样法抽取的样本是按照样本个体在样本总体中出现的概率随机抽出的：它的优点是：样本具有代表性，而且可根据具体抽样方法的设计和统计学方法估计采样的精确度。

概率抽样又可分为简单随机抽样、分层随机抽样、系统抽样、集群抽样、两段集群抽样等。简单随机抽样指不对样本总体的任何个体加以区分，每一个体均有相同的概率被抽中。分层随机抽样是指先将样本总体的个体按空间位置或时间段等特性分成不重叠的组群（称为“层”），然后从它们中各随机抽取若干个体，混合均匀即为样本。系统抽样指将样本总体的每一个体按一定顺序编号，然后每隔一定编号间隔系统地抽取一个个体，合起来即为样本。集群抽样是将样本总体中相邻近的个体划分为一个集体，形成一系列集体后，再以集体为单位，简单随机从这些中集体选取几个单位，合起来即为样本。两段集群抽样是先按集群抽样抽取几个集体，然后再从这些抽出的集体中分别简单随机抽出部分基本个体，然后混合。下面介绍常规样品采集的方法。

（1）常规采样首先做好现场采样记录、样品编号、留样工作。

① 现场采样记录主要包括：被采样单位，样品名称，采样地点，样品产地、商标、数量、生产日期、批号或编号，样品状态，被采样的产品数量、包装类型及规格，感官所见（包装破损、变形、受污染、发霉、变质、生虫等），采样方式，采样目的，采样现场环境条件（包括温度、相对湿度及一般卫生状况），采样机构（盖章）、采样人（签名），采样日期等。

② 采集的样品必须贴上标签，明确标记品名、来源、数量、采样地点、采样人及采样日期等内容，现场编号一定要与检测样品及留样编号一致。

③ 留样要注意下面几点：保持样品原来状态，易变质的样品要冷藏，特殊样品需在现场做相应的处理。

（2）无菌采样现场检测的无菌采样用具、容器要进行灭菌处理；操作人员采样前，先用 75%酒精棉球消毒手，再消毒采样开口处的周围。

（3）不同样品采集由于样品形态、包装等差异，采样方法也不同。

① 散装食品、液体、半液体以一池或一缸为单位，采样前，先检查样品的感官性状，均匀后再采样。如果池或缸太大，难以混匀，可根据池或缸的高度等距离分为上、中、

下三层，在四角和中间不同部分三层中各取同样量的样品混合后，供检验用。流动液体采样，定时定量从输出口取样，后混合供检验用；固体样品可按堆型和面积大小采用分区设点或按高度分层采样。分区设点，每区面积≤50m^2，设中心、四角五个点；两区界线上的两个点为两区共有点，如两个区设 8 个点，三个区设 11 个点，以此类推，边缘点距边缘 50cm 处。如果分层采样，要先上后下逐层采样，各样点数量一样，感官检查后，如性状基本一致，可混合成一个样品；如不一致，分装。

② 大包装食品。一般情况大包装液体样品容器不透明，很难看到容器内物质的实际情况，用采样管直通容器底部取出样品，检查是否均匀，有无杂质、异味等，然后搅拌均匀，供检验用；颗粒或粉末状如粮食、白砂糖等堆积较高，一般分上、中、下三层，用金属探子从各层分别取样，每层从不同方位采样数量一样，选取等量袋数，每袋取样次数一样，感官性状相同的混合在一起，不同的分别盛放。无论哪种采样，如样品数量较多，都应混合均匀，用四分区法平均样品。

③ 小包装食品（≤500g/包）。每一生产班次或同一批号的产品，随机抽取原包装食品 2～4 包。

④ 其他食品。肉类，同质的肉类按照上、中、下的采样原则，不同质的先分类后分别取样，也可以根据要求重点采集某一部位。鱼类，同质鱼堆在四角和中间分别采样，尽量从上、中、下三层抽取有代表性的样品。一般鱼类，都采集完整的个体，大鱼（0.5kg 左右）三条作为一份样品，小鱼 0.5kg 为一份。食具：大食具 2 只、中食具 5 只、小食具 10 只，作为一份样品。

（4）食物中毒样品。采集剩余食物、呕吐物、排泄物及洗胃液，炊具、容器，病人血液或尿液，带菌者检查的样品，尸体解剖标本，原料、半成品及成品。食物中毒样品的采集数量比普通采样数量多一些，便于反复实验；各种样品的采集要注意无菌操作，防止污染，及时、准确、有代表性、手续完备，检验目的明确，重点突出。

五、采样的注意事项

（1）一切采样工具、容器、塑料袋、包装纸等都应清洁、干燥、无异味、无污染：若要分析微量元素，样品的容器更应讲究，如分析 Cr、Zn 含量时不应用镀 Cr、镀 Zn 工具采样，有些采样工具有计量刻度，应注意其校准。各类专用采样工具的使用方法一定要遵照使用说明书正确使用。

（2）采样后，对每件样品都要做好记录，采样时，所采样品应及时贴上标签，标签上应注明：货主、品名、检验批编号或货批编号、样品编号、采样日期、地点、堆位、生产日期、班次、采样负责人等。

（3）如果发现货品有污染的迹象或属于感官异常样品，应将污染或异常的货品单独抽样，装入另外的容器内，贴上特别的标签，详细记录污染货品的堆位及大约数量，以便分别检验。

（4）生鲜、易腐的样品在采集后 4h 内迅速送到实验室进行分析或处理，应尽量避免样品在分析前成分发生变化。

（5）盛装样品的容器应当是隔绝空气、防潮的玻璃容器或其他适宜和结实的容器。

课堂习题

一、填空题

（1）样品的采集简称________，是根据一定的原则，借助于一定的仪器从________中抽取供检验用样品的过程。

（2）常规采样首先做好现场采样________、________、________。

（3）留样要注意下面几点：保持样品________，易变质的样品要________，特殊样品需在现场做相应的处理。

（4）样品检验要按________、________、________、________均应按规定的程序进行，各阶段都要有完整的手续，责任分清。

（5）盛样样品的容器可根据要求选用________或________制品，容器上要贴上________，并做好标记。

二、简答题

（1）采样有哪些注意事项？

（2）大包装食品应如何采样？

技能点一　食品微生物学检验采样

一、工作准备

食品微生物学检验采样

1. 仪器和材料

（1）称量设备：天平等。

（2）消毒灭菌设备：烘烤/干燥设备，紫外灯，高压灭菌、过滤除菌等装置。

（3）冷藏冷冻设备：冰箱、冷冻柜等。

（4）常规检验用品：镊子、剪刀、药匙、酒精棉球、硅胶（棉）塞、吸管、吸球、试管、广口瓶、量筒、玻璃棒及L形玻璃棒、记号笔、均质袋等。

（5）现场采样检验用品：无菌采样容器、棉签、涂抹棒、采样规格板、转运管等。

2. 参考标准

《食品安全国家标准　食品微生物学检验　总则》（GB 4789.1—2016）。

二、操作步骤

1. 制定采样方法

（1）根据检验目的、食品特点、批量、检验方法、微生物的危害程度等确定采样方案。

（2）采样方案分为二级和三级采样方案。二级采样方案设有 n、c 和 m 值，三级采样方案设有 n、c、m 和 M 值。

n：同一批次产品应采集的样品件数；

c：最大可允许超出 *m* 值的样品数；

m：微生物指标可接受水平限量值（三级采样方案）或最高安全限量值（二级采样方案）；

M：微生物指标的最高安全限量值。

注 1：按照二级采样方案设定的指标，在 *n* 个样品中，允许有≤*c* 个样品其相应微生物指标检验值大于 *m* 值。

注 2：按照三级采样方案设定的指标，在 *n* 个样品中，允许全部样品中相应微生物指标检验值小于或等于 *m* 值；允许有≤*c* 个样品其相应微生物指标检验值在 *m* 值和 *M* 值之间；不允许有样品相应微生物指标检验值大于 *M* 值。

例如，*n*=5，*c*=2，*m*=100CFU/g，*M*=1 000CFU/g。含义是从一批产品中采集 5 个样品，若 5 个样品的检验结果均小于或等于 *m* 值（≤100CFU/g），则这种情况是允许的；若≤2 个样品的结果（*X*）位于 *m* 值和 *M* 值之间（100CFU/g<*x*≤1 000CFU/g），则这种情况也是允许的；若有 3 个及以上样品的检验结果位于 *m* 值和 *M* 值之间，则这种情况是不允许的；若有任一样品的检验结果大于 *M* 值（>1 000CFU/g），则这种情况也是不允许的。

（3）各类食品的采样方案按食品安全相关标准的规定执行。

（4）食品安全事故中食品样品的采集如下。

① 由批量生产加工的食品污染导致的食品安全事故，食品样品的采集和判定原则按采样方案的（2）、（3）执行。重点采集同批次食品样品。

② 由餐饮单位或家庭烹调加工的食品导致的食品安全事故，重点采集现场剩余食品样品，以满足食品安全事故病因判定和病原确证的要求。

2. 预包装食品的采样

（1）应采集相同批次、独立包装、适量件数的食品样品，每件样品的采样量应满足微生物指标检验的要求。

（2）独立包装小于等于 1 000g 的固态食品或小于等于 1 000mL 的液态食品，取相同批次的包装。

（3）独立包装大于 1 000mL 的液态食品，应在采样前摇动或用无菌棒搅拌液体，使其达到均质后采集适量样品，放入同一个无菌采样容器内作为一件食品样品；大于 1 000g 的固态食品，应用无菌采样器从同一包装的不同部位分别采取适量样品，放入同一个无菌采样容器内作为一件食品样品。

3. 散装食品或现场制作食品的采样

用无菌采样工具从 *n* 个不同部位现场采集样品，放入 *n* 个无菌采样容器内作为 *n* 件食品样品。每件样品的采样量应满足微生物指标检验单位的要求。

4. 采集样品的标记

应对采集的样品进行及时、准确的记录和标记，内容包括采样人、采样地点、时间、样品名称、来源、批号、数量、保存条件等信息。

5. 采集样品的储存和运输

（1）应尽快将样品送往实验室检验。

（2）应在运输过程中保持样品完整。

（3）应在接近原有储存温度条件下储存样品，或采取必要措施防止样品中微生物数量的变化。

课堂习题

一、填空题

（1）食品微生物检测采样依据为《食品卫生微生物学检验总则》（GB________）。

（2）根据________、________、________、________、微生物的危害程度等确定采样方案。

（3）应对采集的样品进行________、________和标记，内容包括采样人、采样地点、时间、样品名称、来源、批号、数量、保存条件等信息。

二、简答题

（1）简述预包装食品微生物检测采样方法。

（2）简述采样注意事项。

任务考核

采样操作标准及评分见表 4-1。

表 4-1 采样操作标准及评分

考核要素	评分要素	配分	评分标准		扣分	得分
基本操作	准备	25 分	正确准备所需物品	15 分		
			正确着装	10 分		
	采样	60 分	正确检查样品	5 分		
			正确制定采样方案	10 分		
			正确完成采样	15 分		
			正确对样品进行标记	15 分		
			正确填写记录	10 分		
			正确对样品进行储存	5 分		
	统筹安排能力、工作态度	15 分	整体安排合理	10 分		
			完成时间符合要求	5 分		
总计						

技能点二 采样单的设计与填写

采样单的设计与填写

采样完毕后，需立即填写采样单。采样单应采用固定格式，内容应包括采样目的、被采样单位名称、采样地点、样本名称、编号、被采样产品产地、商标、数量、生产日期、批号或编号、样本状态、被采样产品数量、包装类型及规格、感官所见（有包装的食品包装有无破损、变形、受污染，无包装的食品外观有无发霉变质、生虫、污染等）、采样方式、采样现场环境条件（包括温度、相对湿度及一般卫生状况）、采样日期、采样单位（盖章）或采样人（签字）、被采样单位负责人签字。采样记录一式两份，一份交被采样单位，一份由采样单位保存。食品采送样记录单见表 4-2。

表 4-2　食品采/送样记录单

被采样单位：________　　采样目的：________

采样地点：________　　采样日期：________

样品编号：________

样品编号	样品名称	数量	规格	包装状况或存储条件	生产日期或批号	样品状态	备注

检验项目：1. 微生物检测：细菌总数□大肠菌群□志贺氏菌□沙门氏菌□霉菌□金黄色葡萄球菌□溶血性链球菌□

2. 理化检测：铅□总砷□酸价□过氧化值□

3. 其他：

被采样单位陪同人：________　年　月　日　　采样人：________　年　月　日

送样人：________　年　月　日　　收样人：________　年　月　日

备注：此单一式两份，送检单位一份，承检机构一份。

课堂习题

一、填空题

（1）采样记录一式两份，一份交________，一份由________保存。

（2）采样现场环境条件包括________、________及________等。

二、简答题

采样单的基本内容包括哪些？

任务二　制备与保存样品

任务描述

（1）查阅样品制备与保存的相关资料，熟悉样品制备与保存的方法及注意事项。

（2）样品制备与保存。

任务要求

（1）了解不同性状样品制备与保存的一般要求及注意事项。

（2）能正确对不同性状样品进行制备与保存。

（3）掌握常见样品的制备与保存方法。

完成目的

（1）学习样品制备与保存的基本方法。

（2）能够在样品制备与保存过程中准确把握不同性状样品制备与保存的基本要求及注意事项。

（3）在学与做的过程中培养团队协作意识，提高与人交流、合作的能力，培养学生主动参与、积极进取、探究科学的学习态度。

知识点一　食品样品的制备

一、样品制备和预处理的定义和目的

食品样品的制备

样品的制备和预处理，两者间没有本质上的区别，都是指样品经一些准备性处理转化为最终分析试样的技术过程。其目的是去掉实验样品中不值得分析的部分和一部分杂质，保证分析实验样品十分均匀，通过浓缩实验样品以提高实验样品中的待检物的信号强度。样品的制备和预处理常常是整个检验工作中最麻烦和误差较大的一部分，由于预处理方法不同和操作水平的差异导致检验结果出现较大差异的现象已屡见不鲜。从处理技术的复杂性来看，样品制备是一些简单的处理，包括样品整理、清洗、匀化和缩分等，有些实验样品只需经过样品制备就已准备完毕。那些还未就此准备完毕的实验样品则需经过进一步处理才能最终作为检验样品，这些进一步的处理就是预处理，如灰化、消解、提取、浓缩、富集、净化、层析纯化等。预处理内容在任务三中详细讲述。

二、样品制备

（1）面粉、淀粉、白砂糖、乳粉、咖啡等粉末状和较细的颗粒状食品的样品制备，只需充分搅拌均匀就可作为一般实验样品。茶叶、烟叶、饼干等样品只需简单粉碎并充分混匀就可作为一般实验样品。

（2）谷物、豆子、坚果、花椒等天然颗粒状食品的样品制备，包括去杂和去壳，有些检验项目还要求去麸、皮、籽、小梗等。大的固体杂物一般凭手工或分选器捡出，尘土、小梗等细粒和粉末状杂质可经筛分法去除，硬壳一般凭手工破碎后剥去，麸皮的去除则需磨粉和筛分。这些过程中，去掉的物质要计量，加入的水分也要计量，以备计算实验结果时可能采用。

（3）饮料、油脂、炼乳、蜂蜜、酱油、糖浆等液态食品的样品制备，主要是充分混匀，如果这些样品中有结晶、结块或很稠时，可在不高于50℃的水浴中边加温边搅拌使其充分匀化。

（4）个体过大的固体食品的样品制备，如香肠、水果、面包、动物、瓜、薯类等，要设法减小个体体积才能进一步匀化，这就是此类样品制备时的缩分。此时缩分技术的基本要点是不断中分和间隔切分，每次留下具有代表性的一部分。例如，对于水果，应不断沿着果顶和果梗的轴线对角切分，每次留下对角的两部分，直到达到必要的缩分程

度后混合；对于火腿肠，可沿着长轴均匀切分为若干小节，然后每隔几节从中取一节混合；对于去除内脏的动物，可沿身体的对称轴对分，取其一半最后混合。

（5）整鱼、贝、畜、禽、蛋及生鲜水果、瓜、蔬菜、薯类等食品的样品制备，要去除不可食部分，冻鱼表面的冰和干咸鱼表面的盐也要去除，盐水鱼罐头的盐水一般也弃去。有些还要把不同器官或不同部分分割后再匀化，去除部分不论是弃去还是单独分析，都要计量，以备计算实验结果时可能采用。

（6）罐头食品的样品制备。将罐头打开，固体和汤汁分别称重，小心去除固体中的不可食部分（如骨头）后再称重，按可食固体和液体的质量比各取一定量，混合后于捣碎机内捣碎匀化。

（7）水果、蔬菜、薯类等生鲜农产品的样品制备。分析前一般必经清洗和去皮，但检测农药残留时，原则上不宜清洗和去皮，须小心仔细地将泥土简单清除。

课堂习题

填空题

（1）样品的制备和预处理，两者间没有本质上的区别，都是指样品________过程。

（2）样品制备是一些简单的处理，包括________、________、________和________等。

（3）个体过大的固体食品的样品制备如香肠、水果、面包、动物、瓜、薯类等，要设法________才能进一步匀化，这就是此类样品制备时的________。

知识点二　食品样品的运输与保存

一、样品运输

食品样品的运输与保存

无论是将样品送回实验室，还是要将样品送到他处去检验，都要注意防止样品的变质。某些生鲜样品应先冻结后再用冰壶加干冰运送，易挥发样品要密封运送。水分较多的样品要装在几层塑料食品袋内封好，干燥而挥发性很小的样品（如粮食）可用牛皮纸袋盛装，但牛皮纸袋不防潮，还需有防潮的外包装。蟹、虾等样品要装在防扎的容器内，所有样品的外包装要结实而不易变形和损坏。此外，运送过程中要注意车辆等运输工具的清洁，注意车站、码头有无污染源，避免样品污染。

样品采集后，最好由专人立即送检。如不能由专人送样时，也可快递托运。托运前必须将样品包装好，应能防破损，防冷冻样品升温或融化。在包装上应注明“防碎”“易腐”“冷藏”等字样，做好样品运送记录，写明运送条件、日期、到达地点及其他需要说明的情况，并由运送人签字。

二、样品保存

采回的样品应尽快进行检验，但有时不能这样做时（特别是复检样品和保留样品），就要保质保存。根据不同的样品，保存的方法也不同。干燥的农产品可放在干燥的室内，保存 1～2 周；易腐的样品应在冷藏或冷冻的条件下存放，冷冻样品应存放在－20℃冰箱或冷藏库内，冷藏的样品应存放在 0～4℃冰箱或冷却库内；其他食品可放在常温冷暗处。冷藏或冷冻时要把样品密封在加厚塑料袋中以防水分渗进或逸出，见光变质的样品可装入棕色瓶或用黑纸外包装。对含水多的样品，也可先检测其水分后将剩余样品干燥保存。如果向样品中加入某些有助于样品保藏的防腐剂、稳定剂等纯度较高的试剂并不会干扰待分析项目结果时，可采用这种方法延长样品保存期。

保存样品时同样要严格注意卫生、防止污染。

用于微生物检验的样品盛样容器应消毒处理，但不得用消毒剂处理容器。不能在样品中加入任何防腐剂。

长期保存样品的标签最好为双标签，一个贴在最外层包装外，另一个贴在内层包装外。如果样品在冷冻中外包装的标签脱落，应及时重新贴标。

课堂习题

填空题

（1）无论是将样品送回实验室，还是要将样品送到别处去分析，都要注意防止________。

（2）样品采集后，最好由________立即________。如不能由专人送样时，也可________。

（3）采回的样品应尽快进行分析，但有时不能这样做时（特别是________和________），就要保质保存。

（4）保存样品时同样要严格________、________。

（5）长期保存样品的标签最好为双标签，一个贴在________，另一个贴在________。如果样品在冷冻中外包装的标签脱落，应及时重新贴标。

任务三　预处理样品

任务描述

（1）查阅样品预处理的相关资料，熟悉样品预处理的方法及注意事项。

（2）练习样品预处理。

任务要求

（1）了解不同性状样品预处理的一般要求及注意事项。

（2）熟悉样品预处理的目的。

（3）能正确对不同性状样品进行预处理。

完成目的

（1）学习样品预处理的基本方法。

（2）能够在样品预处理过程中准确把握不同性状样品预处理的基本要求及注意事项。

（3）在学与做的过程中培养团队协作意识，提高与人交流、合作的能力，培养学生主动参与、积极进取、探究科学的学习态度。

知识点　样品预处理的目的、要求及方法

样品预处理的目的、要求及方法

样品预处理是指样品的制备和对样品中待测组分进行提取、净化、浓缩的过程。样品应经预处理后才可进行定性、定量分析检验。样品预处理的目的是消除基质干扰，保护仪器，提高方法的准确度、灵敏度。

由于食品的多样性，预处理方法还需操作者灵活掌握。样品预处理的方法依据检验方法的不同和食品本身特性的差异而不同。

一、传统的预处理技术

1. 有机物破坏法

检测食品中重金属和其他矿物质时，尤其是进行微量元素分析时，由于这些成分可能与食品中的蛋白质或有机酸牢固结合，严重干扰检测结果的精密度和准确性。破除这种干扰的常用方法就是在不损失矿物质的前提下破坏有机物质，将这些元素成分从有机物中游离出来。有机物破坏法被分为以下两类。

1）干法（又称灰化法）

将洗净的坩埚用掺有 $FeSO_4$ 的墨水编号后，于高温炉中烘至恒重，冷却后将称量后的样品置于坩埚中，于普通电炉上小心炭化（除去水分和黑烟）。转入高温炉于 500～600℃灰化，如不能灰化彻底，取出放冷后，加入少许 HNO_3 或 H_2O_2 润湿残渣，小心蒸干后再转入高温炉灰化，直至灰化完全。取出冷却后用稀盐酸溶解，过滤后滤液供测定用。

干法的优点在于破坏彻底、操作简便、使用试剂少，适用于除 As、Hg、Sb、Pb 等以外的金属元素的测定。

2）湿法（又称消化法）

在酸性溶液中，利用强氧化剂（如 H_2SO_4、HNO_3、H_2O_2 等）使有机质分解的方法叫湿法。湿法的优点是使用的分解温度低于干法，因此减少了金属元素挥散损失的机会，应用范围较为广泛。

按使用氧化剂的不同，湿法又被分为以下几类。

（1）H_2SO_4-HNO_3 法。在盛有样品的凯氏烧瓶中加数毫升浓 H_2SO_4，小心混匀后，先用小火使样品溶化，再加浓 H_2SO_4 适量，渐渐加强火力，保持微沸状态并不断滴加浓 HNO_3，至溶液透明不再转黑为止。如在继续加热微沸的过程中发现瓶内溶液的颜色变深或无棕色气体时，说明 HNO_3 已不足和样品已炭化，此时必须立即停止加热. 待瓶温稍降后再补加数毫升 HNO_3，继续加热保持微沸，如此反复操作直至瓶内溶液变为无色或微黄色时，继续加热至冒出 SO_3 的白烟。自然冷却至常温后，加水 20mL，煮沸除去残留在溶液中的 HNO_3 和氮氧化物，直至再次冒出 SO_3 的白烟。冷却后将消解液小心加水稀释，转入容量瓶中，凯氏烧瓶须用水洗涤几遍，洗涤液一并倒入容量瓶，加水定容后供测定用。

（2）$HClO_4$-HNO_3-H_2SO_4 法基本同 H_2SO_4-HNO_3 法操作，不同点在于：中途反复加入的是 HNO_3 和 $HClO_4$（3∶1）的混合液。

（3）$HClO_4$（或 H_2O_2）-H_2SO_4 法在盛有样品的凯氏烧瓶中加浓硫酸适量，加热消化至淡棕色时放冷，加入数毫升 $HClO_4$（或 H_2O_2），再加热消化。如此反复操作直至消解完全时，冷却到室温，用水无损失地转移到容量瓶中，用水定容后供测试用。

（4）HNO_3-$HClO_4$ 法在盛有样品的凯氏烧瓶中加数毫升浓 HNO_3，小心加热至剧烈反应停止后，继续加热至干，适当冷却后加入 20mL HNO_3 和 $HClO_4$（1∶1）的混合液缓缓加热，继续反复补加 HNO_3 和 $HClO_4$ 混合液，直至瓶中有机物完全消解时，小心继续加热至干。加入适量稀 HCl 溶解，用水无损失地转移到容量瓶中，定容后供检测用。

为了消除试剂中含有的微量矿物质元素带来的误差，湿法要求做空白消解样。

3）微波消解法

微波消解法需要微波消解仪、HNO_3、H_2O_2、HF、KBH_4（测砷时）、硫脲及抗坏血酸等。取样品 0.4g 左右，置于聚四氟乙烯消解罐中，含酒精的样品先放水浴驱赶酒精，加浓 HNO_3 1.0mL，放置 15min，加 30%H_2O_2 溶液 0.1～0.5mL 浸泡 15min，加水至 6～10mL，轻轻摇动。装妥消解装置，连接好温度、压力探头，并将其放入微波消解，反应结束后消解罐自然冷却。容器内指示压力＜45psi（1psi＝6.895kPa），消解罐温度低于 55℃时，从防爆膜处缓缓打开，释放剩余压力，取出温度、压力探头，依次打开各消解罐，将消解的样品溶液定容至 10.00～25.00mL，待测。

2. 溶剂提取法

在同一溶剂中，不同的物质具有不同的溶解度，同一物质在不同溶剂中溶解度也不同。利用样品各组分在某一溶剂中溶解度的差异，将各组分完全或部分地分离的方法，称为溶剂提取法。常用的无机溶剂有 H_2O、稀酸、稀碱；有机溶剂有乙醇、乙醚、氯仿、丙酮、石油醚等。在食品检测中常用于维生素、重金属、农药及黄曲霉毒素的测定。溶剂提取法可用于提取固体、液体及半流体，根据提取对象不同可分为浸提法、溶剂萃取法。

1）浸提法

用适当的溶剂将固体样品中的某种被测组分浸取出来称浸提法，也称液-固萃取法，该法应用广泛，如检测固体食品中的脂肪含量时，用乙醚反复浸提样品中的脂肪，而杂质不溶于乙醚，再使乙醚挥发，便可称出脂肪的含量。

（1）提取剂的选择。提取剂应根据被提取物的性质来选择，被测组分的溶解度应最大，杂质的溶解度应最小；提取效果应符合相似相溶的原则，故应根据被提取物的极性强弱选择提取剂。通常对极性较弱的成分（如有机氯农药），可用极性弱的溶剂（如正己烷、石油醚）提取；对极性强的成分（如黄曲霉毒素 B_1），可用极性强的溶剂（如甲醇与水的混合溶液）提取。溶剂沸点在 45～80℃，沸点太低易挥发，沸点太高则不易浓缩，且对热稳定性的被提取成分也不利。此外，提取剂要稳定，不与样品发生作用。

（2）提取方法。浸提法分为振荡提取法、捣碎法、索氏抽提法。振荡浸渍法是将切碎的样品放入合适的溶剂系统中浸渍、振荡一定时间，即可从样品中提取出被测成分的方法。此法简便易行，但回收率较低。捣碎法是将切碎的样品放入捣碎机中，加入溶剂，捣碎一定时间，被测成分被溶剂提取的方法。此法回收率较高，但干扰杂质溶出较多。索氏提取法是将一定量样品放入索氏抽提器中，加入溶剂，加热回流一定时间，被测组分被溶剂提取的方法。此法溶剂用量少、提取完全、回收率高，但操作较麻烦，且需专用的索氏抽提器。

2）溶剂萃取法

萃取法用于从溶液中提取某一组分，即利用该组分在两种互不相溶的试剂中分配系数的不同。使其从一种溶剂中转移至另一种溶剂中，从而与其他成分分离，达到分离的目的。通常可用分液漏斗多次提取达到目的。若被转移的成分是有色化合物，可用有机相直接进行比色测定，即采取萃取比色法。萃取比色法具有较高的灵敏度和选择性。如用双硫腙法测定食品中的铅含量。此法设备简单、操作迅速、分离效果好，但是成批试样分析时工作量大。同时，萃取溶剂常易挥发、易燃，且有毒性，操作时应加以注意。

（1）萃取剂的选择。萃取剂应对被测组分有最大的溶解度，对杂质有最小的溶解度，且与原溶剂不互溶。两种溶剂易于分层，无泡沫。

（2）萃取方法。萃取常在分液漏斗中进行，一般需萃取 4～5 次方可分离完全。若萃取剂比水轻，且从水溶液中提取分配系数小或振荡时易乳化的组分时，可采用连续液体萃取器（图 4-2）。在食品检测中常用溶剂提取法分离、浓缩样品，浸提法和萃取法既可以单独使用也可联合使用。如测定食品中的黄曲霉毒素 B_1，先将固体样品用甲醇-水溶液浸取，黄曲霉毒素 B_1 和色素等杂质一起被提取，再用氯仿萃取甲醇-水溶液，色素等杂质不被氯仿萃取仍留在甲醇-水溶液层，而黄曲霉毒素 B_1 被氯仿萃取，以此将黄曲霉毒素 B_1 分离。

3. 蒸馏法

蒸馏法是利用液体混合物中各组分挥发度不同进行分离的方法。蒸馏法可用于除去干扰组分，也可用于将待测组分蒸馏逸出，收集馏出液进行检测。根据被测组分的不同性质，蒸馏方式有常压蒸馏、减压蒸馏、水蒸气蒸馏。

（1）常压蒸馏。对于被蒸馏物质受热后不发生分解或沸点不高的样品，可采用常压蒸馏。加热方式可根据被蒸馏物质的沸点和特性选择水浴、油浴或直接加热，常压蒸馏装置如图 4-3 所示。

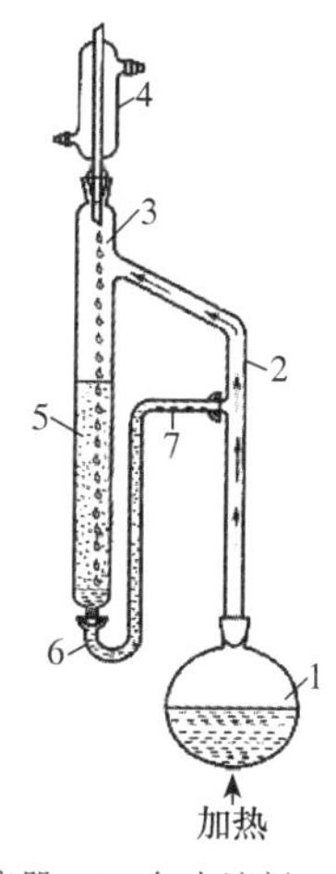

1．萃取溶剂收集器；2．气态溶剂；3．萃取溶剂；4．冷凝器；5．萃取液；6．溶剂返回管；7．萃取溶剂返回收集器。

图 4-2　连续液体萃取器

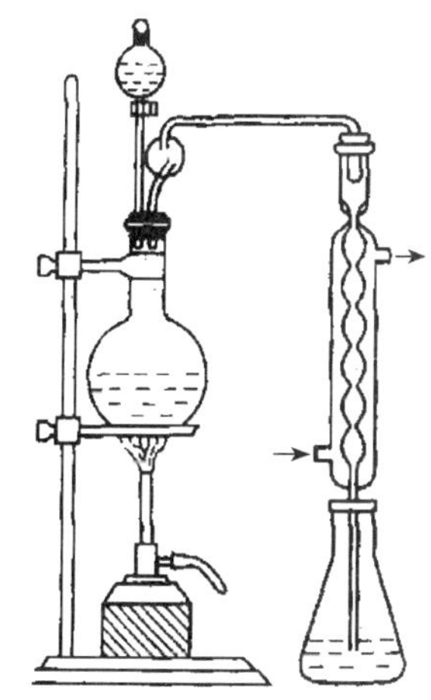

图 4-3　常压蒸馏装置

（2）减压蒸馏。若待蒸馏物质易分解或沸点太高，可采用减压蒸馏的方式。

（3）水蒸气蒸馏。水蒸气蒸馏是用水蒸气来加热混合液体，使具有一定挥发度的被测组分与水蒸气成比例地自溶液中一起蒸馏出来。水蒸气蒸馏可用于沸点较高，直接加热蒸馏时，因受热不均匀易引起局部炭化的被测物质；或加热到沸点时可能发生分解的物质。

4. 化学分离法

（1）磺化法和皂化法。

① 磺化法。油脂与浓 H_2SO_4 发生磺化反应，生成极性较大、易溶于水的磺化产物，其反应式为

$$CH_3(CH_2)_nCOOR \xrightarrow{H_2SO_4(浓)} HO_3SCH_2(CH_2)_nCOOR$$

利用这一反应，样品中的油脂经磺化后再用水洗去，即磺化净化法。磺化法适用于强酸介质中的稳定农药的测定，如有机氯农药中的六六六、DDT，回收率在 80%以上。

② 皂化法。脂肪可与碱发生皂化反应，生成易溶于水的羧酸盐和醇，其反应式为

$$RCOOR' \xrightarrow{KOH} RCOOR' + R'OH$$

例如，荧光分光光度法测定肉、鱼、禽等中的苯并［a］芘，样品中加入 KOH 溶液，回流皂化，以除去脂肪。

（2）沉淀分离法。沉淀分离法是利用沉淀反应进行分离的方法。在试样中加入适当的沉淀剂，使被测组分或干扰组分沉淀下来，从而达到分离的目的。例如，测定冷饮中糖精钠含量时，可在试液中加入碱性 $CuSO_4$，将蛋白质等干扰杂质沉淀下来，而糖精钠仍留在试液中，经过滤除去沉淀后，取滤液进行分析。

（3）掩蔽法。此法是利用掩蔽剂与样液中干扰成分作用，使干扰成分转变为不干扰测定状态，即被掩蔽起来。运用这种方法可以不经过分离干扰成分的操作而消除其干扰作用，简化分析步骤，因而这种方法在食品分析中应用十分广泛，常用于金属元素的测定。例如，用二硫腙比色法测定铅时，在测定条件（pH 值为 9）下，Cu^{2+}、Cd^{2+}等对测定有干扰。可加入 KCN 和柠檬酸铵掩蔽，以消除它们的干扰。

5. 色层分离法

色层分离法是将样品中待测组分在载体上进行分离的一系列方法，又称色谱分离法。根据其分离原理的不同，分为吸附色谱分离法、分配色谱分离法和离子交换色谱分离法等。

6. 浓缩

样品经提取、净化后，有时样液体积过大，因此在测定前需进行浓缩，以提高被测组分的浓度，常用的有常压浓缩法和减压浓缩法两种。

（1）常压浓缩法主要用于被测组分为非挥发性的样品试液的浓缩，通常采用蒸发皿直接挥发。如要回收溶剂，可采用普通蒸馏装置或旋转蒸发器等，该法简便、快速，是常用的方法。

（2）减压浓缩法主要用于被测组分为对热不稳定或易挥发的样品的浓缩，通常采用 K-D 浓缩器。样品浓缩时，水浴加热并抽气减压。该法浓缩温度低、速率快、被测组分损失少，特别适用于农药残留量分析中样品净化液的浓缩。

二、样品预处理现代技术

20 世纪末，现代科学技术和分析仪器技术的发展推动了现代预处理技术的发展，分

析仪器灵敏度的提高、分析对象基质复杂，对样品的预处理提出了更高的要求。凝胶渗透色谱、固相萃取、加速溶剂萃取和微量化学法等技术在飞速发展，并得到不断应用。这些新开发的样品预处理技术实现了快速、有效、简单和自动化地完成样品预处理过程。

1. 凝胶渗透色谱

凝胶渗透色谱，也称为体积排斥色谱，是一种新型液相色谱，是色谱中较新的分离技术之一。

凝胶渗透色谱技术在富含脂肪、色素等大分子的样品分离净化方面，具有明显的净化效果。随着科学技术的进步，凝胶渗透色谱系统已发展成为从进样到收集全自动化的净化系统。在食品安全检测中，凝胶渗透色谱技术在国际上已成为常规的样品净化手段。

凝胶渗透色谱的分离机理主要有以下几种理论：①立体排斥理论；②有限扩散理论；③流动分离理论。

由于应用立体排斥理论解释凝胶色谱中的各种分离现象与事实比较一致，因此立体排斥理论已被普遍接受。这一理论认为凝胶渗透色谱依据溶液中分子体积（流体力学体积）的大小来进行分离。凝胶渗透色谱的分离过程是在装有以多孔物质为填料的色谱柱中进行的。色谱柱填料含有许多不同尺寸的小孔，这些小孔对于溶剂分子来说是很大的，它们可以自由地扩散和出入。由于高聚物在溶液中以无规线团的形式存在，且高分子线团也有一定的尺寸，当填料上的孔洞尺寸与高分子线团的尺寸相当时，高分子线团就向孔洞内部扩散。显然，尺寸大的高聚物分子，由于只能扩散到尺寸大的孔洞中，在色谱柱中的保留时间就短；尺寸小的高聚物分子，几乎能够扩散到填料的所有孔洞中，向孔内扩散越深，在色谱柱中保留的时间就长。因此，不同分子量的高聚物分子就按分子量从大到小的次序随着淋洗液的流出而得到分离。

凝胶渗透色谱技术主要用于样品净化处理和高聚物的分子量及其分布的测定。凝胶渗透色谱技术适用的样品范围极广，回收率也较高，不仅对油脂净化效果好，而且重现性好，柱子可以重复使用，已成为食品安全检测中通用的净化方法。

2. 固相萃取

固相萃取是一种用途广泛且越来越受欢迎的样品预处理技术，它建立在传统的液-液萃取基础之上，结合物质相互作用的相似相溶机理和目前广泛应用的高效液相色谱、气相色谱中的固定相基本知识逐渐发展起来。

固相萃取就是利用固体吸附剂将液体样品中的目标化合物吸附，与样品的基体和干扰化合物分离，然后再用洗脱液洗脱或加热解吸附，以达到分离和富集目标化合物的目的。固相萃取实质上是一种液相色谱分离，其主要分离模式也与液相色谱相同，可分为正相（吸附剂极性大于洗脱液极性）、反相（吸附剂极性小于洗脱液极性）、离子交换和吸附。固相萃取所用的吸附剂也与液相色谱常用的固定相相同，只是在粒度上有所区别。

固相萃取不需要大量互不相溶的溶剂，处理过程中不会产生乳化现象，它采用高效、高选择性的吸附剂（固定相），能显著减少溶剂的用量，简化样品的前处理过程，同时所需费用也有所减少。一般来说，固相萃取所需时间为液-液萃取的 1/2，而费用为液-液萃取的 1/5。但其缺点是目标化合物的回收率和精密度略低于液-液萃取，固相萃取主要应用于食品及动植物产品中农药、兽药及其他化学污染残留物分析。

3. 加速溶剂萃取

加速溶剂萃取是一种全新的处理固体和半固体样品的方法，该法是在较高温度（50～200℃）和压力条件（10.3～20.6MPa）下，用有机溶剂萃取。它的突出优点是有机溶剂用量少（1g 样品仅需 1.5mL 溶剂，一个样品需 15mL 溶剂）、快速（一般为 15min）和回收率高，已成为样品前处理较佳方式之一，并被美国环境保护署选定为推荐的标准方法，已广泛用于环境、药物、食品和高聚物等样品的预处理，特别是农药残留量的检测中。

提高温度能加速溶质分子的解析动力学过程，减小解析过程所需的活化能，降低溶剂的黏度，从而减小溶剂进入样品基体的阻力，增加溶剂进入样品基体的量。

由于加速溶剂萃取是在高温下进行的，因此，热降解是一个需要关注的问题。加速溶剂萃取的流程是先加入溶剂，即样品在溶剂包围之下再加温，而且在加温的同时加压，即在高压下加热，高温的时间一般少于 10min，因此，热降解不甚明显。

4. 微量化学法

微量化学法样品处理技术的发展可以追溯到有机点滴实验。早在 1859 年 Friedrich Schonbein 等使用毛细管方法，将试液用毛细管点于滤纸上，再用试剂显色，可检定尿酸，这种方法在分析上很有意义。随着有机显色试剂的不断发展，点滴实验应用得越来越广泛。目前，在现代技术的基础上选择和研制了新微量化学法技术的配套设备，并将这一新的技术广泛运用到农、兽药残留量的检测中。微量化学法的应用范围越来越广，目前许多标准也采用了微量化学法技术，随着这种技术的推广应用，微量化学法样品前处理技术将会得到更进一步的发展。

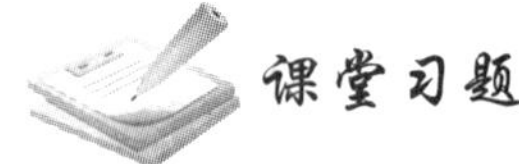

课堂习题

一、填空题

（1）样品预处理的目的是消除________干扰，保护仪器，提高方法的________、选择性和灵敏度。

（2）有机物破坏法分为________、________、________大类。

（3）消化法是在________溶液中，利用强氧化剂（如 H_2SO_4、HNO_3、H_2O_2 等）并加热消化，使有机物质完全分解的方法。

（4）溶剂提取法又分为________和________两种方法。

（5）蒸馏法是利用液体混合物中各组分________不同进行分离的方法。

（6）对于被蒸馏物质受热后不发生分解或沸点不太高的样品，可采用________蒸馏。

（7）对于待蒸馏物质易分解或沸点太高样品，可采用________蒸馏。

二、简答题

（1）消化法适用于什么样的样品测定？

（2）萃取法的原理是怎样的？

（3）常用的现代前处理技术包括哪些？

（4）固相萃取的特点是什么？

技能点一　灰化法测定灰分

一、工作准备

灰化法测定灰分

1. 试剂

（1）乙酸镁。

（2）浓 HCl（根据需要稀释后使用）。

（3）纯水：蒸馏水或去离子水，应符合 GB/T 6682—2008 要求。

2. 仪器和材料

（1）电子分析天平：感量 0.000 1g、0.001g、0.1g。

（2）石英坩埚或瓷坩埚。

（3）干燥器（内有干燥剂）。

（4）电热板。

（5）恒温水浴锅（控温精度±2℃）。

（6）高温炉：最高使用温度≥950℃。

（7）试剂瓶。

3. 样品

面粉。

4. 参考标准

《食品安全国家标准 食品中灰分的测定》（GB 5009.4—2016）。

二、操作步骤

（一）坩埚预处理

1. 淀粉类食品

石英坩埚或瓷坩埚先用沸腾的稀 HCl 洗涤，再用大量自来水洗涤，最后用蒸馏水冲洗。将洗净的坩埚置于高温炉内，在（900±25）℃下灼烧 30min，并在干燥器内冷却至室温，用电子分析天平称重，精确至 0.000 1g，记录坩埚质量为 m_2。

2. 含磷量较高的食品和其他食品

取大小适宜的石英坩埚或瓷坩埚置于高温炉中，在（550±25）℃下灼烧 30min，冷却至 200℃左右，取出，放入干燥器中冷却 30min，用电子分析天平准确称量。重复灼烧至前后两次称量相差不超过 0.5mg 为恒重。

（二）称样

淀粉类食品：用电子分析天平准确称取样品 2～10g（马铃薯淀粉、小麦淀粉及大米淀粉至少称 5g，玉米淀粉和木薯淀粉称 10g），精确至 0.000 1g，记录坩埚和试样的质量为 m_3。将样品均匀分布在坩埚内，不要压紧。

若测定含磷量较高的食品和其他食品，灰分≥10g/100g 的试样称取 2～3g（精确至

0.000 1g)；灰分≤10g/100g 的试样称取 3～10g（精确至 0.000 1g，对于灰分含量更低的样品可适当增加称样量）。

（三）测定

将坩埚置于高温炉口或电热板上，半盖坩埚盖，小心加热使样品在通气情况下完全炭化至无烟，即刻将坩埚放入高温炉内，将温度升高至（900±25）℃，保持此温度直至剩余的炭粒全部消失为止，一般 1h 可灰化完毕，冷却至 200℃左右，取出，放入干燥器中冷却 30min，称量前如发现灼烧残渣有炭粒，应向试样中滴入少许水湿润，使结块松散，蒸干水分再次灼烧至无炭粒即表示灰化完全，方可称量，记录坩埚和灰分的质量为 m_3。重复灼烧至前后两次称量相差不超过 0.5mg 为恒重。其他淀粉类食品同样方法测定。

若测定含磷量较高的豆类及其制品、肉禽及其制品、蛋及其制品、水产及其制品、乳及乳制品，具体方法如下。

（1）称取试样后，加入 1.00mL 乙酸镁溶液（240g/L）或 3.00mL 乙酸镁溶液（80g/L），使试样完全润湿。放置 10min 后，在恒温水浴锅上将水分蒸干，在电热板上以小火加热使试样充分炭化至无烟，然后置于高温炉中，在（550±25）℃灼烧 4h。冷却至 200℃左右，取出，放入干燥器中冷却 30min，称量前如发现灼烧残渣有炭粒，应向试样中滴入少许水湿润，使结块松散，蒸干水分再次灼烧至无炭粒即表示灰化完全，方可称量。重复灼烧至前后两次称量相差不超过 0.5mg 为恒重。

（2）吸取 3 份与（1）浓度和体积相同的乙酸镁溶液，与样品测定同样方法，灼烧后乙酸镁变为 MgO，恒重后称量质量为 m_0，做 3 次试剂空白实验。当 3 次实验结果的标准偏差小于 0.003g 时，取算术平均值作为空白值。若标准偏差大于或等于 0.003g，应重新做空白值实验。

若测定其他食品液体和半固体试样应先在沸水浴上蒸干。固体或蒸干后的试样，先在电热板上以小火加热使试样充分炭化至无烟，然后置于高温炉中，在（550±25）℃灼烧 4h。冷却至 200℃左右，取出，放入干燥器中冷却 30min，称量前如发现灼烧残渣有炭粒，应向试样中滴入少许水湿润，使结块松散，蒸干水分再次灼烧至无炭粒即表示灰化完全，方可称量。重复灼烧至前后两次称量相差不超过 0.5mg 为恒重。

三、原始数据记录

灰分的测定原始数据记录见表 4-3。

表 4-3　灰分的测定原始数据记录

样品编号	坩埚和灰分的质量 m_1/g	坩埚的质量 m_2/g	坩埚和试样的质量 m_3/g	MgO（乙酸镁灼烧后生成物）的质量 m_0/g	灰分的含量 X（加了乙酸镁溶液的试样）/（g/100g）	平均灰分含量/（g/100g）
1						
2						

四、结果计算

（1）加了乙酸镁溶液的面粉试样中灰分的含量，按式（4-1）计算：

$$X_1=\frac{m_1-m_2-m_0}{m_3-m_2}\times 100 \tag{4-1}$$

式中，X_1——加了乙酸镁溶液试样中灰分的含量，g/100g；

m_1——坩埚和灰分的质量，g；

m_2——坩埚的质量，g；

m_0——MgO（乙酸镁灼烧后生成物）的质量，g；

m_3——坩埚和试样的质量，g；

100——单位换算系数。

（2）未加乙酸镁溶液的试样中灰分的含量，按式（4-2）计算：

$$X_2=\frac{m_1-m_2}{m_3-m_2}\times 100 \tag{4-2}$$

式中，X_2——未加乙酸镁溶液试样中灰分的含量，g/100g；

m_1——坩埚和灰分的质量，g；

m_2——坩埚的质量，g；

m_3——坩埚和试样的质量，g。

五、操作要点

（1）样品炭化时要注意控制热源温度，防止坩埚内样品外溅或溢出。

（2）把坩埚放入高温炉或从炉中取出时，要在炉口停留片刻，使坩埚预热或冷却，防止因温度剧变而使坩埚破裂。

（3）灼烧后的坩埚应冷却到 200℃以下再移入干燥器中，否则因热的对流作用，易造成残灰飞散，且冷却速率慢，冷却后干燥器内形成较大真空，盖子不易打开。

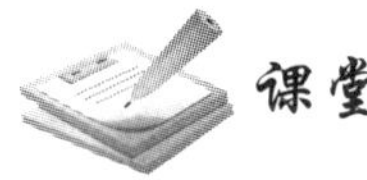

课堂习题

一、填空题

（1）测定灰分时，需反复灼烧至前后两次称量相差不超过________mg 为恒重。

（2）测定含磷量较高的食品时，取大小适宜的石英坩埚或瓷坩埚置高温炉中，在________℃下灼烧________min，冷却至________℃左右，取出，放入干燥器中冷却________min，准确称量。

（3）测定含磷量较高的食品时，需加入 1.00mL________溶液，使试样完全润湿。

二、简答题

试述高温炉的使用方法及注意事项。

任务考核

灰分测定操作标准及评分见表 4-4。

表 4-4　灰分测定操作标准及评分

考核要素	评分要素	配分	评分标准		扣分	得分
基本操作	准备	20 分	正确进行坩埚预处理	5 分		
			正确恒重坩埚	10 分		
			正确使用干燥器	5 分		
	样品炭化	25 分	准确称量样品	5 分		
			正确使用电热板	5 分		
			正确使用通风橱	5 分		
			准确判定炭化完全程度	10 分		
	样品灰化	20 分	正确使用高温炉	10 分		
			准确恒重	10 分		
	结果计算	20 分	准确记录数据	10 分		
			有效数字运算准确	10 分		
	报告填写	5 分	完整填写报告	5 分		
文明操作	统筹安排能力、工作态度	10 分	清理实验台，仪器、药品摆放整齐	5 分		
			完成时间符合要求	5 分		
总计						

技能点二　溶剂提取法测定脂肪

一、工作准备

溶剂提取法测定脂肪

1. 试剂

无水乙醚或石油醚（沸程为 30～60℃）。

2. 仪器和材料

（1）电子分析天平：感量 0.001g 和 0.000 1g。

（2）索氏抽提器。

（3）恒温水浴锅。

（4）电热鼓风干燥箱。

（5）干燥器（内装有效干燥剂，如硅胶）。

（6）滤纸筒。

（7）蒸发皿。

（8）脱脂棉。

（9）石英砂。

（10）磨砂玻璃棒。

3. 样品

面粉。

4. 参考标准

《食品安全国家标准 食品中脂肪的测定》（GB 5009.6—2016）。

二、操作步骤

1. 试样处理

用电子分析天平准确称取充分混匀后的试样 2～5g 为 m_2，准确至 0.001g，全部移入滤纸筒内。其他固体试样同样方法测定。

若测定液体或半固体试样，具体方法：用电子分析天平准确称取混匀后的试样 5～10g，准确至 0.001g，置于蒸发皿中，加入约 20g 石英砂，于沸水浴上蒸干后，在电热鼓风干燥箱中于（100±5）℃干燥 30min 后，取出，研细，全部移入滤纸筒内。蒸发皿及沾有试样的玻璃棒，均用蘸有无水乙醚的脱脂棉擦净，并将脱脂棉放入滤纸筒内。

2. 抽提

将滤纸筒放入索氏抽提器的抽提筒内，连接已干燥至恒重质量为 m_0 的接收瓶，由抽提器冷凝管上端加入无水乙醚或石油醚至瓶内容积的 2/3 处，于水浴上加热，使无水乙醚或石油醚不断回流抽提（6～8 次/h），一般抽提 6～10h。提取结束时，用磨砂玻璃棒接取 1 滴提取液，磨砂玻璃棒上无油斑表明提取完毕。

3. 称量

取下接收瓶，回收无水乙醚或石油醚，待接收瓶内溶剂剩余 1～2mL 时在水浴上蒸干，再于电热鼓风干燥箱（100±5）℃干燥 1h，放干燥器内冷却 0.5h 后用电子分析天平称量。重复以上操作直至恒重（即两次称量的差不超过 2mg），记录恒重后接收瓶和脂肪质量为 m_1。

三、原始数据记录

脂肪的测定原始数据记录见表 4-5。

表 4-5 脂肪的测定原始数据记录

样品编号	恒重后接收瓶和脂肪的含量 m_1/g	接收瓶的质量 m_0/g	面粉的质量 m_2/g	面粉中脂肪的含量 X/（g/100g）	面粉中脂肪的含量平均值/（g/100g）如何计算
1					
2					

四、结果计算

试样中脂肪的含量按式（4-3）计算：

$$X=\frac{m_1-m_0}{m_2}\times 100 \tag{4-3}$$

式中，X——试样中脂肪的含量，g/100g；

m_1——恒重后接收瓶和脂肪的含量，g；

m_0——接收瓶的质量，g；

m_2——试样的质量，g；

100——换算系数。

计算结果表示到小数点后1位。

五、操作要点

（1）滤纸筒要严实，防止样品外漏，但也不能包得太紧影响溶剂渗透。放入滤纸筒时高度不要超过回流弯管，否则超过回流弯管样品中的脂肪不能抽提，造成误差。

（2）烘干接收瓶和脂肪至恒重时，勿使温度过高而造成脂肪氧化。

（3）抽提时，控制回流速率适中，每小时回流6～8次为宜。

（4）抽提用的乙醚或石油醚要求无水、无醇、无过氧化物，挥发残渣含量低。

（5）在挥发乙醚或石油醚时，切忌用直接火加热。干燥前应驱除全部残余的乙醚，因乙醚稍有残留，放入干燥箱时，有发生爆炸的危险。

课堂习题

一、填空题

（1）测定脂肪含量时，接收瓶烘干直至两次称量的差不超过________mg。

（2）提取结束时，用磨砂玻璃棒接取1滴提取液，磨砂玻璃棒上________表明提取完毕。

（3）接收瓶需要提前干燥至________。

（4）常用的抽提剂有________和________。

（5）抽提时，控制回流速率适中，每小时回流________次为宜。

二、简答题

（1）溶剂提取法的关键操作有哪些？

（2）提取剂如何选择？

任务考核

脂肪含量测定操作标准及评分见表4-6。

表4-6　脂肪含量测定操作标准及评分

考核要素	评分要素	配分	评分标准		扣分	得分
基本操作	准备	20分	物品摆放合理	5分		
			仪器清洗洁净	5分		
			正确恒重接收瓶	10分		
	试样处理	20分	正确进行样品处理	10分		
			准确称量样品	5分		
			正确制作滤纸筒	5分		

续表

考核要素	评分要素	配分	评分标准		扣分	得分
基本操作	抽提	25分	正确安装索氏抽提器	5分		
			水浴温度调节合理	5分		
			准确判断抽提终点	7分		
			正确回收抽提剂	8分		
	接收瓶恒重	10分	正确设置干燥箱温度	2分		
			正确使用干燥器	3分		
			正确恒重接收瓶	5分		
	结果计算	10分	准确记录数据	5分		
			有效数字运算准确	5分		
	报告	5分	报告设计与填写合理、完整	5分		
	统筹安排能力、工作态度	10分	清理实验台，仪器、药品摆放整齐	5分		
			完成时间符合要求	5分		
总计						

任务四　检验报告的基本内容、设计与填写规范

任务描述

（1）查阅检验报告与设计的相关资料，熟悉检验报告的一般要求。

（2）学习设计检验报告和填写一份完整的检验报告。

任务要求

（1）了解检验报告的一般要求和基本内容。

（2）能独立设计一份完整的检验报告。

（3）掌握填写检验报告的一般要求。

完成目的

（1）学习检验报告的设计方法及一般要求。

（2）能够独立设计并填写一份完整的检验报告。

（3）在学与做的过程中培养团队协作意识，提高与人交流、合作的能力，培养学生主动参与、积极进取、探究科学的学习态度。

知识点　检验报告的基本内容及要求

一份完整的检验报告应具备以下内容：产品名称、产品批号、产品规格、产品等级、委托单位及地址、抽样人、产品标示执行标准、样品编号、商标、样品状态、样品数量/抽样基数、抽样日期、检验时间、检验项目、检验依据、检验结论、技术要求、实测值、单项判定结果等。

检验报告的基本内容及要求

检验报告见表4-7，要求内容与样品实际相符、结果真实，不能随意涂改，检验依据现行有效，结果判定准确等。

表 4-7　检验报告

产品名称	黄豆芽	样品编号	LYJP-SCWT-160002
产品批号	20200301	商标	
产品规格	450g/袋	样品状态	塑料袋装、正常
产品等级	—	样品数量/抽样基数	11 袋/100 袋
委托单位及地址			
抽样人		抽样日期	2020-03-01
产品标示 执行标准	Q/NDQY0001S	检验时间	2020-03-01 至 2020-03-03
检验项目	感官、净含量、铅、总砷、总汞、镉、亚硫酸盐、2,4-二氯苯氧乙酸、百菌清、多菌灵、6-苄基腺嘌呤、4-氯苯氧乙酸、赤霉素、福美双、土霉素、氯吡脲、乙烯利		
检验依据	Q/NDQY0001S—2015《豆芽》		
检验结论	该样品经检验，依据《豆芽》（Q/NDQY0001S—2015）、《食品安全国家标准 食品添加剂使用标准》（GB 2760—2014）、《食品安全国家标准 食品中农药最大残留量》（GB 2763—2019），判定所检项合格		
备注	—		

课堂习题

一、填空题

检验报告要求内容与样品实际相符、结果真实，不能随意涂改、检验依据________、结果判定准确等。

二、简答题

一份合格的检测报告单应包括哪些基本信息？

技能点　检验报告的设计与填写

根据给定的样品信息和检测结果，结合实际情况，设计并填写一份完整的检验报告单。

检验报告单的设计与填写

根据检验报告（表 4-7），设计豆芽检验结果记录单见表 4-8。

表 4-8　豆芽检验结果记录单

主检：　　　　审核：　　　　批准：　　　　批准日期：

序号	检验项目		技术要求	实测值	单项结果判定
1	感官	外观	具有正常的外形、色泽，无烂根、无烂茎、无腐烂、无打蔫，允许有少量机械损伤	符合	合格
		组织形态	具有本产品固有的豆香味，无异味	符合	合格
		气味、滋味	形态基本完整，脆嫩，无正常视力可见外来异物	符合	合格

续表

序号	检验项目	技术要求	实测值	单项结果判定
2	净含量	450±13.5	450.21	合格
3	铅量（以 Pb 计）/（mg/kg）	≤0.2	未检出	合格
4	总砷量（以 As 计）/（mg/kg）	≤0.5	0.080	合格
5	总汞量（以 Hg 计）/（mg/kg）	≤0.01	未检出	合格
6	镉量（以 Cd 计）/（mg/kg）	≤0.1	未检出	合格
7	二氧化硫残留量/（g/kg）	≤0.02	未检出	合格
8	2,4-二氯苯氧乙酸量/（mg/kg）	不得检出	未检出	合格
9	百菌清量/（mg/kg）	不得检出	未检出	合格
10	多菌灵/（mg/kg）	不得检出	未检出	合格
11	6-苄基腺嘌呤/（mg/kg）	不得检出	未检出	合格
12	4-氯苯氧乙酸/（mg/kg）	不得检出	未检出	合格
13	赤霉素/（mg/kg）	不得检出	未检出	合格
14	福美双/（mg/kg）	不得检出	未检出	合格
15	土霉素/（mg/kg）	不得检出	未检出	合格
16	氯吡脲/（μg/kg）	不得检出	未检出	合格
17	乙烯利/（mg/kg）	不得检出	未检出	合格

课堂习题

简答题

设计一份检验报告。

任务考核

检验报告设计与填写操作标准及评分见表 4-9。

表 4-9　检验报告设计与填写操作标准及评分

考核要素	评分要素	配分	评分标准		扣分	得分
基本操作	准备	20 分	查阅相关资料准确	10 分		
			获取样品检测项目准确	10 分		
	设计	30 分	内容完整	15 分		
			信息全面	15 分		
	填写	30 分	数据全面	15 分		
			数据真实	10 分		
			信息完整	5 分		
	统筹安排能力、工作态度	20 分	整体安排合理	10 分		
			完成时间符合要求	10 分		
总计						

参 考 文 献

符斌，李华昌，2012．化学实验室手册［M］．北京：化学工业出版社．

马晓宇，2011．分析化学基本操作［M］．北京：科学出版社．

夏玉宇，2004．化学实验室手册［M］．北京：化学工业出版社．

师邱毅，2010．食品安全快速检测技术及应用［M］．北京：化学工业出版社．

汪东风，2018．食品质量与安全检测技术［M］．北京：中国轻工业出版社．

杨玉红，田艳花，2015．食品分析与检测［M］．武汉：武汉理工大学出版社．

中国国家标准化管理委员会，2009．化学品安全标签编写规定：GB 15258—2009［S］．北京：中国标准出版社．

中国国家标准化管理委员会，2016．食品安全国家标准 5009 系列［S］．北京：中国标准出版社．

中国国家标准化管理委员会，2016．食品卫生微生物学检验总则：GB 4789.1—2016［S］．北京：中国标准出版社．

中国国家标准化管理委员会，2016．化学试剂 试验方法中所用制剂及制品的制备：GB/T 603—2002［S］．北京：中国标准出版社．

中国国家标准化管理委员会，2016．化学试剂 杂质测定用标准溶液的制备：GB/T 602—2016［S］．北京：中国标准出版社．

中国国家标准化管理委员会，2016．化学试剂 标准滴定溶液的制备：GB/T 601—2016［S］．北京：中国标准出版社．